高等学校电子信息类专业“十三五”规划教材

数字电视原理

李白萍　李荣　薛颖轶　编著

西安电子科技大学出版社

内 容 简 介

本书系统讲述了数字电视系统的基本原理与关键技术。全书共分8章，内容包括：模拟电视的基本原理、数字电视的基本概念、图像信号的数字化、数字电视的调制与解调、数字电视的传输、特种应用电视及应用环境、数字电视的新技术。

本书内容丰富、取材新颖，可作为高等院校通信工程及广播电视等专业的本科生教材，也可供从事多媒体通信的工程技术人员和科技工作者参考。

图书在版编目(CIP)数据

数字电视原理/李白萍，李荣，薛颖轶编著. —西安：西安电子科技大学出版社，2016.11

高等学校电子信息类专业"十三五"规划教材

ISBN 978-7-5606-4310-6

Ⅰ. ①数…　Ⅱ. ①李…　②李…　③薛…　Ⅲ. ①数字电视—高等学校—教材　Ⅳ. ①TN949.197

中国版本图书馆 CIP 数据核字(2016)第262536号

策　　划　云立实

责任编辑　宁晓蓉

出版发行　西安电子科技大学出版社(西安市太白南路2号)

电　　话　(029)88242885　88201467　　邮　　编　710071

网　　址　www.xduph.com　　电子邮箱　xdupfxb001@163.com

经　　销　新华书店

印刷单位　陕西华沐印刷科技有限责任公司

版　　次　2016年11月第1版　2016年11月第1次印刷

开　　本　787毫米×960毫米　1/16　　印　张　8.5

字　　数　159千字

印　　数　1～3000册

定　　价　15.00元

ISBN 978-7-5606-4310-6/TN

XDUP 4602001-1

* * * **如有印装问题可调换** * * *

前　言

随着数字图像处理技术的发展，电视系统正快速走向“数字时代”，世界发达国家的广播电视从模拟到数字的过渡已基本完成，我国也在快速的发展中，目前已经初步完成了节目在制作、编排和传输环节的数字化，数字电视接收机、数字点播电视、数字交互电视、全数字高清晰度电视等数字电视设备层出不穷，引导整个数字电视技术的潮流。

本书是作者在近10年从事数字电视原理理论教学和相关科研的基础上编写而成的，并结合数字化矿山建设，对数字电视系统的基本原理和关键技术进行了研究，是作者多年教学工作的总结。

本书共分8章，其中第2、3、4、5、6章是讲述的重点。第1章简述电视技术的发展历程及数字电视的基本概念。第2章论述模拟电视的基本原理，内容包括：色度学基础、彩色电视信号及彩色电视制式、系统分解力与图像清晰度。第3章简述数字电视的基本概念及电视信号数字化参数。第4章阐述视频A/D、D/A变换的基本原理及初步实现。第5章分析数字电视的调制与解调技术，内容包括：QPSK、MQAM等调制技术。第6章对数字电视传输系统做了初步研究。第7章和第8章概述了特种应用电视及应用环境和数字电视新技术。本书参考教学时数为48学时。

本书第1章、第7～8章由李白萍教授编写，第2章由薛颖轶编写，第3～6章由李荣编写，全书由李白萍教授统稿。

本书的编写得到了陕西省通信工程特色专业建设点(No.[2011] 42)和陕西省通信工程系列课程教学团队项目(No.[2013] 32)的大力支持。

在本书的编写过程中，参阅了大量参考文献和图书资料，在此谨向这些文献、资料的原作者表示衷心的感谢。

由于目前数字电视技术飞速发展，加之编者水平有限，书中难免存在疏漏，殷切希望广大读者批评指正。

编　者

2016年6月

目　录

第 1 章　概　　论

电视就是根据人的视觉特性，经电子扫描，用电的方法来传送活动图像的技术。

1.1　电视技术的发展历程

电视技术是 20 世纪先进的电子科学技术发展的一项重大成果。作为以昂贵的电子设备为载体的大众传播媒介，它声像并茂、色彩兼备，远距离传送，不受文化、年龄的限制，面向社会，深入家庭。

现代电视技术是集电子学、大规模集成电路、光学、电磁学、材料科学、卫星技术、数字信号处理、色度学、人类视觉科学等多学科成果于一身的综合性技术，它的进步不仅依赖于这些学科的发展，同时还极大地推动着这些学科的进步和发展。

19 世纪末，少数先驱者设想并开始研究、设计图像的传送技术。1873 年，英国科学家约瑟夫·梅发现硒元素的光电特性，为后来电视技术的发明奠定了基础。1883 年圣诞节，德国电气工程师尼普柯夫用他发明的“尼普柯夫圆盘”，使用机械扫描方法，做了首次发射图像的实验，每幅画面有 24 行扫描线，图像相当模糊。1908 年，英国人肯培尔·斯文顿、俄国人罗申克夫提出电子扫描原理，奠定了近代电视技术的理论基础。1923 年，美籍俄国人兹沃尔金发明静电积贮式摄像管，同年又发明电子扫描式显像管，这是近代电视摄像技术的先驱。

1936 年 11 月 2 日是一个值得纪念的日子，位于英国市郊的亚历山大宫的英国广播公司电视台开始正式播出。这是世界上第一座正式开播的电视台，人们把这一天作为电视事业的开端。英国正式开播的电视在开始时仍为机电系统，4 个月后被电子系统取代。1939 年，美国无线电公司开始播送全电子式电视信号。1940 年，美国人古尔马研制出机电式彩色电视系统。1966 年，美国无线电公司研制出集成电路电视机，3 年后又生产出具有电子调谐装置的彩色电视接收机。

1985 年 3 月 17 日，在日本举行的筑波科学万国博览会上，日本索尼公司建造的超大屏幕彩色电视墙亮相，它位于中央广场，长 40 m，高 25 m，面积达 1000 m^2，整个建筑有

14 层楼房那么高。

1985 年，英国电信公司(BT)推出综合数字通信网络，它向用户提供话音、快速传送图表、传真、慢扫描电视终端等业务。

1991 年 11 月 25 日，日本索尼公司的高清晰度电视开始试播：其扫描线为 1125 条，比目前的 525 条多出一倍，图像质量提高了 100%；画面纵横比改传统的 9∶12 为 9∶16，增强了观赏者的现场感；平机视角从 10°扩展到 30°，画面更有深度感；电视图像"画素"从 28 万个增加为 127 万个，单位面积画面的信息量一举提高了近 4 倍，因此，观看高清晰度电视的距离不是过去屏高的 7 倍而是 3 倍，且伴音逼真，采用 4 声道高保真立体声，富有感染力。1995 年，日本索尼公司推出超微型彩色电视接收机(即手掌式彩电)，只有手掌大小，重量为 280 g，具有扬声器，也有耳机插孔，液晶显示屏宽度约 5.5 cm，画面看来虽小，但图像清晰，其最明显的特点是：以人的身体作天线来取得收视效果，看电视时将两根引线套在脖子上，就能取得室外天线般的效果。1996 年，日本索尼公司推出"壁挂"式电视，其长度为 60 cm，宽为 38 cm，而厚度只有 3.7 cm，重量仅 1.7 kg，犹如一幅壁画。

我国第一座电视台是 1958 年 5 月 1 日试运行的北京电视台，也就是现在的中央电视台，1973 年开始试播彩色电视节目。

1.2　数字电视的基本概念及优点

数字电视是一个从节目采集、制作、传输到用户端都以数字方式处理信号的端到端的系统。数字电视从根本上改变了电视信号的处理方式，它与模拟电视有本质上的区别。在数字电视系统中，从电视图像和伴音信号的信源处理、传输到接收和记录都是数字化的，而在模拟电视系统中，采用的都是模拟信号。

数字电视与模拟电视相比，有着如下所述的一系列优点。

(1) 传输质量高。在模拟信号传输过程中，不可避免地会产生失真并引入噪声，导致信噪比下降，因此，模拟信号的传输质量不能得到有效保障。而数字信号因为是脉冲信号，相对于模拟的连续变化量能更好地确保传输后的信噪比。在电视广播覆盖面积相同的条件下，数字信号所需的发射功率仅为模拟信号的 1/10。

(2) 图像清晰度高，伴音效果好。在模拟电视中，由于梳状滤波器分离两个色差信号的彻底性欠佳，不可避免地出现色调失真；而亮度信号与色度信号之间的串扰，使彩色图像质量下降。在数字电视机中，利用集成在一块芯片上的自适应数字滤波器，能使亮度信号和色度信号充分分离，提高了彩色图像的质量。另外，数字电视采用场存储器将电视机的隔行扫描变换成逐行扫描，可克服光栅闪烁现象，提高图像质量，并使图像更稳定。在伴音系统方面，数字电视采用数字音频技术，音质更好。

(3) 功能强。数字信号便于存储，可实现多画面显示、画中画显示、任意瞬间画面静止显示等功能，这是模拟电视无法实现的。

(4) 容易实现自动化。采用数字技术，易于实现微处理器控制下的自动调整和操作，也可以与计算机或其他数字式设备组成系统，实现可视数据、图形文字、图像的综合显示，同时具备文字广播、接收等功能。

(5) 容易实现三种彩色电视制式的统一。彩色电视技术发展的历史原因导致目前世界范围内 NTSC 制、PAL 制、SECAM 制三种彩电制式共存的局面，这给国际间电视节目的交换带来很大麻烦。传统的模拟电视技术无法从根本上解决这个问题，而数字处理电路可使同一机芯适用于不同的电视制式，它可通过微处理器实现同一机芯接收三种不同制式电视信号的目标，且容易做到机芯标准化，这就从根本上解决了三种彩电制式互不兼容的问题。

(6) 频道利用率高。采用通信卫星播出时，利用带宽压缩技术，可以在一个频道内播送 5 套电视节目、100 个频道的音频广播及计算机用数字广播等多种广播。采用有线电视广播网络时，一个 PAL 制的电视信道可播出 8～10 套标准分辨率的数字电视节目。

(7) 服务多样化。数字电视的发展将促进电视、通信和计算机产品的相互配合，即电视、电话和计算机的一体化，产生多种新的信息业务，“电视节目由电视台发送”的概念将被打破。数字电视机不仅可以收看电视节目，播放录像节目，如果直接与因特网相连，作为因特网终端，足不出户就可以实现购物与理财，还可完成交互式的远程教学、图文杂志阅读、视频点播、电子游戏等。

(8) 使用方面的优点。数字电视信号易实现计算机控制和自动化管理，大规模数字集成电路的应用提高了工作可靠性，几乎无需调整。

1.3 数字电视系统和数字电视机顶盒

1.3.1 数字电视系统

数字电视系统可分为三大部分，即电视信号的数字化及其处理、数字电视信号的传递与交换、数字电视信号的接收和记录。一个完整的数字电视系统同模拟广播电视系统一样，也是由节目源、广播和接收三大环节组成。

图 1.1 所示为数字电视系统框图。发送端由摄像机产生彩色电视图像，经 A/D 变换后，变为数字音、视频信号送入音频或视频编码器中。音、视频编码器承担着音频和图像

数据压缩功能，它去掉信号中的冗余部分，使传输码率降低。然后，经 MPEG－2 标准压缩后的数字音、视频信号和数据送入传输打包和复用，传输流复用完成多套节目复用功能，最后送入信道编码和调制器中。信道编码和调制器包括纠错编码和各种信号传输处理以及数字调制的功能，提高信号在传输中的抗干扰能力和频谱利用率。因为数据码流经长距离传输后不可避免地会引入噪声而产生误码，因此，加入纠错编码和各种信号传输处理可以提高其抗干扰能力。经纠错编码和各种信号传输处理和调制后的信号再通过输出接口电路送入传输线路。远距离传输时，可以采用数字光纤线路、数字卫星线路，也可以采用数字微波线路，采用接力传输方式，站与站的距离可达 50 km。接收端的过程与发送端相反，接收端接收信号后，通过输入接口电路把信号送入信道解码和解调器中，经数字解调和信道解码可纠正由传输所造成的误码，然后将信号送入传输解复用和解包中，最后再分别送入音频或视频解码器中，还原成模拟的音频、视频信号。

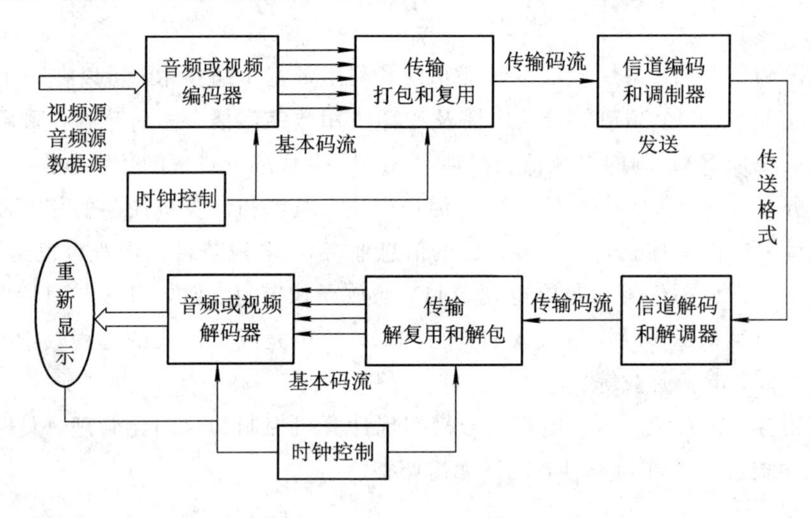

图 1.1　数字电视系统框图

1.3.2　数字电视机顶盒

数字电视机顶盒不仅是用户终端，也是网络终端，它能使模拟电视机从被动接收模拟电视转向交互式数字电视，并能接入因特网，使用户享受电视、数据、语音等全方位的信息服务。

1. 数字电视机顶盒的组成

数字电视机顶盒是充当电视台发送的数字电视信号与用户的显示设备两者之间桥梁的一种接收装置。随着广播电视数字化技术的不断发展，模拟电视机最终将被数字电视机所取代。目前，从我国国情来看，全国有将近 3 亿台模拟电视机，在我国逐步从模拟广播电视向数字广播电视过渡的进程中，这些模拟电视机不可能即时淘汰，而数字电视机顶盒将是这一过渡时期最好的解决方案。将一台模拟电视机与数字电视机顶盒结合，就可以构成一台接收数字广播电视信号的数字电视机。

数字电视机顶盒的组成框图如图1.2所示，它主要由调谐解调器、频率合成器、信道解码器(三者组成数字CATV高频头)和MPEG-2解压缩器组成。数字电视机顶盒的基本功能是从有线电视网接收数字电视信号，经调谐解调器进行下变频得到频率较低的中频信号；调谐解调器完成选台功能，同时完成数字解调功能。中频信号经放大后再进行信道解码，在信道解码中要完成R-S解纠错、卷积解交织等工作，随后送入MPEG-2解压缩器中，进行传输流解多路复用、节目流解多路复用及数字视频解压缩、数字音频解压缩，最终输出模拟的视频和音频信号。模拟视频和音频信号经过模拟信号处理，可输出亮度信号和R、G、B色度信号及复合视频信号(CVBS)。数字电视机顶盒中的所有功能模块都是由超大规模集成电路实现的。

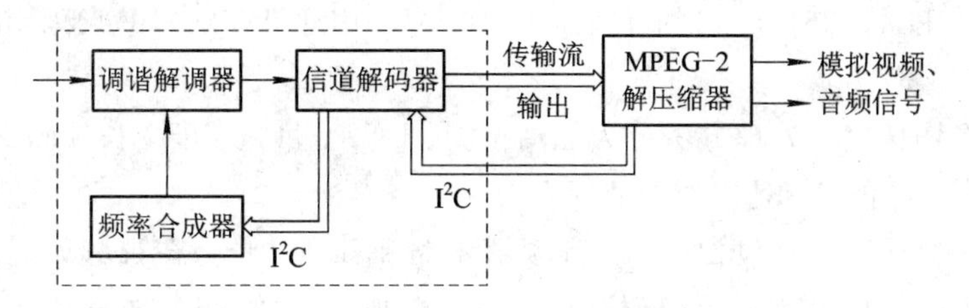

图1.2 数字电视机顶盒框图

2. 数字电视机顶盒的主要技术

信道解码、信源解码、上行数据的调制编码、嵌入式CPU、MPEG-2解压缩、机顶盒软件、显示控制和加解扰技术是数字电视机顶盒中采用的主要技术。

1) 信道解码

数字电视机顶盒中的信道解码电路相当于模拟电视机中的高频头和中频放大器。在数字电视机顶盒中，高频头是必需的，不过调谐范围包含卫星频道、地面电视接收频道、有线电视增补频道。根据DTV目前已有的调制方式，信道解码应包括QPSK、QAM、OFDM、VSB解调功能。

2) 信源解码

模拟信号数字化后，信息量激增，必须采用相应的数据压缩标准。数字电视广播采用MPEG-2视频压缩标准，适用多种清晰度的图像质量。音频目前则有AC-3和MPEG-2两种标准。信源解码器必须适应不同的编码策略，正确还原原始音、视频数据。

3) 上行数据的调制编码

开展交互式应用，需要考虑上行数据的调制编码问题。目前普遍采用的有三种方式，分别为：电话线传送上行数据、以太网卡传送上行数据和有线网络传送上行数据。

4）嵌入式 CPU

嵌入式 CPU 是数字电视机顶盒的心脏，当数据完成信道解码以后，首先要解复用，把传输流分成视频、音频，即使视频、音频数据分离。在数字电视机顶盒专用的 CPU 中集成了 32 个以上可编程 PID 滤波器，其中两个用于视频和音频滤波，其余的用于 PSI、SI 和 Private 数据滤波。CPU 是嵌入式操作系统的运行平台，它要和操作系统一起完成网络管理、显示管理、有条件接收管理(IC 卡和 Smart 卡)、图文电视解码、数据解码、OSD、视频信号的上下变换等功能。为了实现这些功能，必须在普通 32～64 位 CPU 上扩展许多新的功能，不断提高速度，以适应高速网络和三维游戏的要求。

5）MPEG－2 解压缩

MPEG－2 包括从网络传输到高清晰度电视的全部规范，目前实用的视频数字处理技术基本上是建立在 MPEG－2 技术基础上的。MP@LL 用于 VCD，可视电话会议和可视电话用的 H. 263 和 H. 261 是它的子集，MP@ML 用于 DVD、SDTV，MP@HL 用于 HDTV。

MPEG－2 图像信号处理方法分为运动预测、DCT、量化、可变长编码四步，电路是由 RISC 处理器为核心的 ASIC 电路组成。

MPEG－2 解压缩电路包含视频、音频解压缩和其他功能。在视频处理上要完成主画面、子画面解码，最好具有分层解码功能。图文电视可用 APHA 迭显功能选加在主画面上，这就要求解码器能同时解调主画面图像和图文电视数据，要有很高的速度和处理能力。OSD 是一层单色或伪彩色字幕，主要用于用户操作提示。

在音频方面，由于欧洲 DVB 采用 MPEG－2 伴音，美国的 ATSC 采用杜比 AC－3，因此音频解码要具有以上两种功能。

习　　题

1－1　数字电视有哪些优点？

1－2　画出数字电视系统框图。

第 2 章　模拟电视的基本原理

电视是根据人眼的视觉特性，以一定的信号形式实现景物的分解、变换、实时传送并再现的技术。无论是模拟电视还是数字电视，都离不开光和色彩、电子扫描、电视信号等知识。本章首先介绍色度学的基本概念，进而描述彩色图像的摄取、传输与重现。

2.1　色度学概念

视觉生理学与色度学是彩色电视的基本理论，本节结合光和人眼的视觉特性，介绍三基色等色度学基本知识。

2.1.1　人眼的视觉特性

黑白和彩色电视技术，均利用了人眼视觉的某些特性而实现。黑白电视中利用了人眼的视觉惰性和分辨力的局限性，彩色电视中除了利用以上特性外，还利用了人眼的彩色视觉特性。

1. 人眼的分辨力

分辨力：眼睛分辨景象细节的能力。分辨黑白图像细节的能力称亮度分辨力；分辨彩色图像细节的能力称彩色分辨力。分辨力的大小可用分辨角(视敏角)θ来表征，其关系为：分辨率$=1/\theta$，所谓视敏角是指观测点(眼睛)与被测的两个点所形成的最小夹角，如图 2.1 所示。

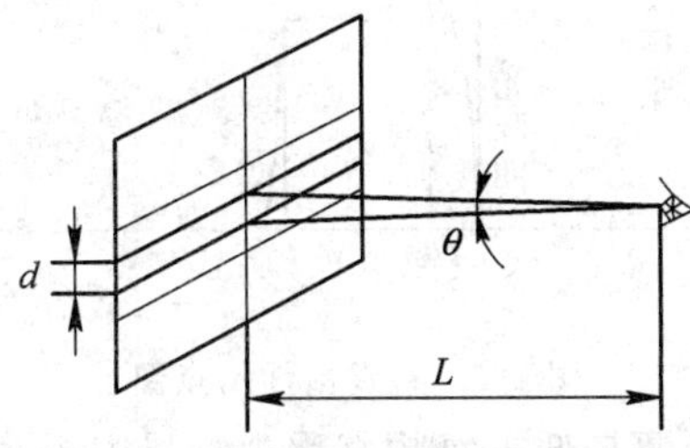

图 2.1　分辨角的测定原理图

由图 2.1 可得

$$\theta = \frac{57.3 \times 60 \times d}{L} = 3438\,\frac{d}{L} \tag{2-1}$$

式中，θ 为人眼能分辨的景物细节的分辨角，d 为景物细节间的距离，L 为人眼到景物间的距离。

通常在中等亮度、中等对比度的情况下，当观察静止图像时，分辨角 θ 约为 $1'\sim1.5'$；而观察运动物体时，分辨角将大些，即分辨力要低些。

分辨力在很大程度上取决于景物细节的亮度和对比度。实验表明，人眼对彩色细节的分辨力比黑白细节低，若将人眼对黑白细节的分辨能力定义为 100%，则人眼对各种细节的分辨力实验测量数据如表 2.1 所示。

表 2.1　彩色分辨力对比

彩色对比	黑白	黑绿	黑红	黑蓝	绿红	红蓝	绿蓝
分辨力	100%	94%	90%	40%	26%	23%	19%

人眼亮度分辨力与彩色分辨力的特性，对实现彩色电视信号传输有重要的意义。

2. 视觉惰性与闪烁感

视觉的建立和消失都需要短暂的时间。当一定强度的光突然作用于视网膜时，不能在瞬间形成稳定的主观亮度感觉，而是有一个短暂的过渡过程；同样，光消失后，亮度感觉并不瞬时消失，而是按近似指数函数的规律逐渐减小，这种现象叫做视觉暂留特性，也称视觉惰性。通常，视觉暂留时间为 0.05～0.2 s。

如图 2.2 所示，t_1 到 t_2、t_3 到 t_4 分别为视觉的建立和消失的过程，因此在观看图像时，前一幅画面的印象尚未完全消失，后一幅画面的印象已建立，人眼就会感觉画面是连续的，反之则是断续的。若暂留时间为 0.05 s，则产生连续感的每幅画面变换频率(帧频)为 20 Hz。

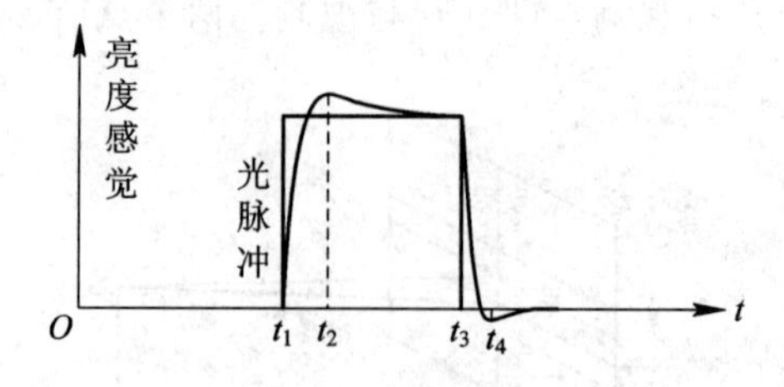

图 2.2　视觉惰性示意图

将不再引起闪烁感觉的光源最低重复频率称为临界闪烁频率 f_c，它与亮度的对数呈线性关系，若荧光屏的最高亮度为 100 尼特，则此电视图像的 f_c=46.8 Hz。

3. 相对视敏曲线

光是一种以电磁波形式存在的物质，人眼可以看见的光叫可见光，它的波长范围为 380～780 nm，随着波长由长到短，呈现的颜色依次为：红、橙、黄、绿、青、蓝、紫。在可见光范围内，相同波长的光，当辐射功率不同时，给人的亮度感觉是不同的；对于相同辐射功率而不同波长的光，给人的亮度感觉也是不同的。实践证明，人眼感到最亮的是黄绿色，最暗的是蓝色和紫色。

国际照明委员会经过大量的实验和统计，给出人眼对不同波长光亮度感觉的相对灵敏度，称为相对视敏度。图 2.3 给出了人眼对理想等能白光源光谱的相对视敏曲线。在同一亮度环境中，辐射功率相同的条件下，波长等于 555 nm 的黄绿光对人眼的亮度感觉最大，并令其亮度感觉灵敏度为 100%，即相对视敏度 $V(\lambda)=1$；人眼对其他波长光的亮度感觉灵敏度均小于黄绿光(555 nm)，故其他波长光的相对视敏度 $V(\lambda)$ 都小于 1。例如波长为 660 nm 光线的相对视敏度 $V(660)=0.061$，那么，这种红光的辐射功率应比黄绿光(555 nm)大 16 倍(即 1/0.061=16)，才能给人相同的亮度感觉。

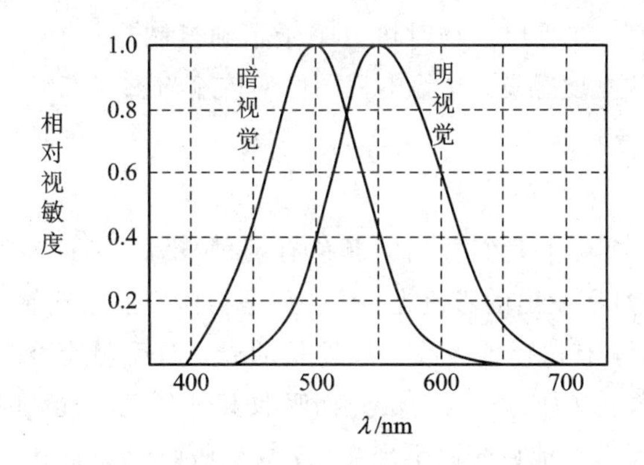

图 2.3　相对视敏曲线

在夜晚或微弱的光线下，测得的人眼相对视敏函数曲线向左移，称为暗视觉相对视敏曲线，正常情况下称为明视觉相对视敏曲线。对于不同的人，相对视敏曲线的形状是会稍有差异的。

4. 人眼的亮度视觉特性

亮度感觉，即包括人眼所能感觉到的最大亮度与最小亮度的差别及在不同环境亮度下对同一亮度所产生的主观亮度感觉。

(1) 人眼的亮度视觉范围相当宽，原因在于眼睛的感光作用可通过瞳孔的生理调节来适应外界光强的突变。明视觉的亮度感觉范围为一尼特至几百尼特；暗视觉的亮度感觉范围为千分之几尼特至几个尼特。

尽管人眼的感光范围极广，但他不能同时感受到这样大的亮度范围，当眼睛适应了某一平均环境亮度之后，能分辨的亮度视觉范围就变得小多了。

(2) 人眼的亮度感觉是相对的，在不同环境亮度下，眼睛对同一景物亮度的主观感觉并不相同。例如，在晴朗的白天，如果有人在你身边提一盏小桔灯，你可能不会感觉亮度明显增加；若是漆黑的夜晚，即使离你较远有人提一盏小桔灯，你也会感觉到光亮。

(3) 当人眼适应于不同的平均亮度后，可分辨的亮度范围也不相同。如环境亮度为10 000 尼特时，可分辨的亮度范围是200～20 000 尼特，即低于200 尼特的亮度会引起黑色感觉；而环境亮度为30 尼特时，可分辨的亮度范围约1～200 尼特，此时200 尼特的亮度引起极为明亮的感觉，而低于1 尼特的亮度才引起黑色感觉。

原景物图像或重现图像的最大亮度 B_{max} 与最小亮度 B_{min} 之比称为对比度；在画面的最大亮度与最小亮度之间能分辨的亮度感觉级数为亮度层次，也称黑白灰度。一般来说，对比度越大，画面的亮度层次也越丰富。

由以上特点可知：不论电影还是电视，重现景象的亮度无需等于实际景物亮度；人眼不能觉察出的亮度差别，在重现景物时可以不予精确复制，只需保持重现图像的对比度，就能给人以十分真实的亮度感觉。这给电视图像的传输与重现带来了极大的方便。

5. 人眼的彩色视觉特性

1) 物体的颜色

自然界五光十色，实际上我们看到的颜色有两种来源：一种是发光体所呈现的颜色，如各种霓虹灯和LED灯所发出的彩色光；另一种是物体反射或透射的光，那些本身不发光的物体，在光源照射下，有选择地吸收一些波长的光，而反射或透射另一些波长的光，从而使物体呈现一定的颜色。如红旗反射红光而吸收其他颜色的光，因而呈现红色；绿色植物因反射绿光而吸收所有其他色光而呈现绿色，煤炭吸收全部照射光而呈现黑色等。

物体呈现的颜色与照射它的光源密切相关。若把绿草拿到红光下观察，就会发现它近乎是黑色的，因为红色光源中没有绿光成分，绿草全部吸收了红光，所以变成黑色。生活中会有这样的经验，在日光与在灯光下看到的物品颜色有差异，说明日光与灯光这两种光源所含的光谱成分不同，使同一物体表现为不同的颜色。因此不能简单地从看到的颜色来判断光谱的分布，一定的光谱分布表现为一定的颜色，但同一颜色也可由不同的光谱分布而获得。

黄色可以由单一波长的黄光(单色光)产生，也可以由两种或两种以上不同波长的光(复合光)按一定比例混合而成；太阳光可分解为红、橙、黄、绿、青、蓝、紫七色光，却给人以白光的综合感觉，而用红、绿、蓝三种不同波长的单色光也可以混合成白光。

由此可知：单色光可用复合光来等效，复合光也可由单色光以适当比例混配来代替，这种现象称为混色。利用混色的方法，人们可以仿造出自然界中绝大多数彩色，而不管仿造的彩色与原彩色是否具有相同的光谱成分。这一点对于彩色电视的实现具有非常重要的意义。

2）人眼的彩色感觉

人眼所看到的彩色是不同光谱成分作用于眼睛的综合效果。不同波长的光波会引起不同的彩色感觉；相同的彩色感觉，也可以由多种不同波长的光波共同引起。

人眼视网膜里存在着大量光敏细胞，按其形状可分为杆状和锥状两种。杆状光敏细胞的灵敏度极高，主要在低照度时辨别明暗，但对彩色是不敏感的；锥状细胞既可辨别明暗，又可辨别彩色。白天的视觉过程主要靠锥状细胞来完成，夜晚视觉则由杆状细胞起作用，所以在较暗处无法辨别彩色。

锥状细胞分为红敏、绿敏和蓝敏细胞，随着三种光敏细胞所受光刺激程度上的差异，会产生不同的彩色感觉。如果某束光线只能引起某一种光敏细胞兴奋，而另外两种光敏细胞仅受到很微弱刺激，我们感觉到的便是某一种色光。若红敏细胞受刺激，则感觉到的是红色；若红、绿敏细胞同时受刺激，则产生的彩色感觉与由黄单色光引起的视觉效果相同。显然，随着三种光敏细胞所受光刺激程度上的差异，还会产生各式各样的彩色感觉。因此，当我们在摄取彩色景物时，若用三个分别具有与人眼三种锥状细胞相同光谱特性的摄像管，分别摄取代表红、绿、蓝三个彩色分量的信号，经处理、传输，再通过显像管的红、绿、蓝荧光粉受电子轰击发光，转换成原来比例的彩色光，即可实现彩色图像的重现。

2.1.2　彩色三要素和三基色原理

色度学是一门研究彩色计量的科学，运用色度学原理，就能以比较简单而有效的技术实现多彩景象的逼真传送。

1. 彩色三要素

为了说明给定景象的彩色感觉，色度学中用亮度、色调和色饱和度三个彩色要素来描述某一彩色光。

亮度是指光作用于人眼引起明暗程度的感觉。亮度与色光的功率及波长的长短有关。光辐射功率越大，亮度越高，反之则亮度越低；在相同的入射条件下，波长不同的单色光引起人眼的亮度感觉也不同。

色调反映彩色光的颜色类别，即人眼视觉的色感。例如红色、绿色、黄色等就是指不同的色调。不同波长的光所呈现的颜色不同，即色调不同，若改变彩色光的光谱成分，就必然引起色调的变化。彩色物体所反映出的色调不仅与它所反射或透射的光谱分量有关，还与照射光源的光谱成分有关。

色饱和度是指彩色光所呈现的深浅程度。对于同一色调的彩色光，其饱和度越高，它的颜色就越深；饱和度越低，它的颜色就越浅。在某一色调的彩色光中掺入白光，会使其饱和度下降，掺入的白光越多，其饱和度就越低。

色调和色饱和度统一说明了彩色的固有特点，常把色调和色饱和度合称为色度，它既表示了彩色光颜色的类别，又反映了颜色的深浅程度。在彩色电视系统中，所谓传输彩色图像，实质上是传输图像像素的亮度和色度。

2. 三基色原理

不同波长的光会引起人眼不同的彩色感觉；两种不同光谱成分的光混合也可以引起人眼产生与某一单色光相同的彩色感觉。也就是说，不同光谱成分的光经混合能引起人眼相同的彩色感觉。利用混色的方法，在彩色重现过程中并不要求完全重现原景物及反射光的光谱成分，重要的是获得与原景物相同的彩色感觉。因此仿效人眼的三种锥状细胞，可以任选三种基色，将它们按不同比例进行混合，人们可以只用几种颜色的光来仿造出大自然中大多数的彩色，而不必去追究这些彩色光的光谱成分。

混色实验发现：只要选取三种不同颜色的单色光按一定比例混合，就可以得到自然界中绝大多数色彩，具有这种特性的三个单色光叫基色光，对应的三种颜色称为三基色。所谓三基色原理是指：

(1) 自然界中的大多数颜色，都可以用三基色按一定比例混合得到；或者说自然界中的大多数颜色都可以分解为三基色。

(2) 三基色必须是相互独立的，即其中任一种基色都不能由另外两种基色混合而得到。

(3) 三个基色的混合比例，决定了混合色的色调和色饱和度。

(4) 混合色的亮度等于构成该混合色的各个基色的亮度之和。

在彩色电视中，选择红色、绿色和蓝色三个基色比较恰当。这是因为人眼的三种锥状细胞分别对红光、绿光和蓝光最敏感，它们混合得到的颜色范围也比较广，几乎自然界中所能观察到的各种彩色都能由它们混合配出。三基色原理把需要传送景物丰富多彩颜色的任务简化为只需传送三个基色信号。

三基色按照不同的比例混合获得彩色的方法称为混色法。混色法有相加混色和相减混色之分。相加混色的混合规律如图 2.4 所示。

图 2.4 中，红、绿、蓝为投射到一个白色屏幕上的三束单色光，当三者比例合适时，有如下混色规律：

红光＋绿光＝黄光

红光＋蓝光＝品红光

绿光＋蓝光＝青光

红光＋绿光＋蓝光＝白光

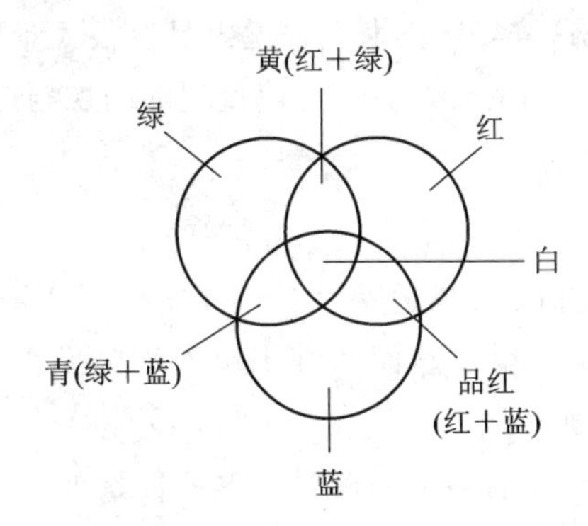

图 2.4　三基色光相加混色法原理

适当改变混色比例时，几乎可以得到自然界中常见的所有彩色光。当两种色光按适当比例混合时得到白光，这两种色称为互补色。例如，红、绿、蓝分别为青、品红、黄三色的补色，反之亦然。

在电视技术中，常用的相加混色方法有两种：

空间混色法：利用人眼空间细节分辨力有限的特点，将三种基色光在同一平面的对应位置充分靠近，只要三个基色光点足够小且充分近，人眼在离开一定距离处将会感到是三种基色光混合后所具有的颜色。这种方法是同时制彩色电视的基础。

时间混色法：利用人眼的视觉惰性，顺序地让三种基色光出现在同一表面的同一处，当相隔的时间间隔足够小时，人眼会感到这三种基色光是同时出现的，具有三种基色相加后所得颜色的效果。这种方法是顺序制彩色电视的基础。

与彩色电视不同，在彩色印刷、彩色胶片和绘画中采用的是相减混色法。它们是利用颜料、染料的吸色性质来实现的。例如，黄色颜料吸收蓝色光，于是在白光照射下，反射光中因缺蓝光而呈现黄色。在减色法中用黄、品红、青作为三基色，它们分别吸收各自的补色，即蓝、绿和红光。因此在减色法中，将三基色按不同比例混合时，在白光照射下，蓝、绿、红光也将按相应的比例被吸收，从而呈现不同颜色。

2.2　电视图像的传送

根据人眼视觉特性，自然界景物的彩色要用亮度、色调和色饱和度三个基本参量来描述。此外，景物的形状可用空间坐标 x、y、z 表示，如果是活动景物，那么它的色彩和外形还是时间 t 的函数。可以说亮度、色调、色饱和度都是空间 x、y、z 和时间 t 的函数，那么，一幅自然景象就可以用一组方程表示。若传送的是黑白图像，则方程组中仅剩亮度方程：$B=F_B(x, y, z, t)$，即便是这样，从技术上来说也是有很大难度的。但是利用人眼的视觉特性，可以采用空间与时间分割的传送方法，使重现的图像与原图像有相同的视觉效果。

2.2.1 像素

根据人眼对细节分辨力有限的视觉特性，一幅图像可以看成由许许多多的小单元组成，在图像处理系统中，把这些组成画面的细小单元称为像素。像素越小，单位面积上的像素数目越多，图像就越清晰。

把要传送的图像分解成许多像素，并同时把这些像素变成电信号，再分别用各个通道传送出去，到接收端后同时变换成光信号，那么发送端摄取的景象就能在接收的屏幕上重现。但是，按照现代电视技术的水平，一幅景象至少要分成四十多万个像素，那就需要四十多万条信道。显然，这种同时传输系统既不经济，技术上也难以实现。

更合理的一种办法是把被传送图像上各像素的亮度按一定顺序转变成电信号，并依次传送出去。在接收端的屏幕上，再按同样的顺序将各个电信号在相应的位置上转变为光信号。只要这种顺序传送的速度非常快，那么由于人眼的视觉惰性和发光材料的余辉特性，就会使我们感到整幅图像同时发光而没有顺序感。这种按顺序传送图像像素的方法构成的电视系统，称为顺序传送系统。这种系统只需要一条信道，顺序传送必须迅速而准确，每个像素要在轮到它的时候才被发送和接收，而且收、发端每个像素的位置要一一对应。这种工作方式称为同步。

2.2.2 光电与电光转换

图像的摄取与重现是基于光和电的转换原理。在电视技术中实现光电转换的关键器件是发端的摄像管和接收端的显像管。

1. 摄像与光电转换

电视摄像管实现将景物的光信号变换为电信号。一些半导体材料如硫化锑在光能量的激发下改变其电阻，这种现象称为内光电效应。摄像管中，利用内光电效应的光敏材料做成光电变换靶，用电子束扫描它来得到图像电信号。

当景物的光投射到摄像管光敏靶面上时，由于光学图像各点亮度不同，而使靶面各单元受光照的强度不同，导致靶面各单元的电阻值不同，从而在靶面上各点形成与光像亮暗相对应的电阻起伏，“光像”就变成了“电像”。再用电子束逐点扫描靶面，在连接靶的外电路中形成了强弱受光调制的电子流。

(光电导)摄像管是一种电真空器件。它主要由镜头、光电靶、电子枪、聚焦线圈和偏转线圈组成。

2. 显像与电光转换

显像管是在接收端重现图像的电真空器件，主要应用的是电光效应。荧光粉在电子束的轰击下会发光，将其涂在玻璃屏上构成电视显像管。荧光屏的发光强弱取决于轰击电子的数量与速度，用代表图像的电信号去控制电子束的强弱，按与摄像管中相同的规律来扫描荧光屏，便完成了电到光的转换。

由阴极发射出的电子束，在偏转线圈所产生的磁场力作用下，按从左到右、从上到下的顺序依次轰击荧光屏。屏面上涂有荧光粉，在电子束轰击下荧光粉发光，其发光亮度正比于电子束携带的能量。若将摄像端送来的信号加到显像管电子枪的阴极与栅极之间，就可以控制电子束携带的能量，使荧光屏的发光强度受图像信号的控制。设显像管的电光转换是线性的(实际为非线性的，需要校正)，那么，屏幕上重现的图像，其各像素的亮度都正比于所摄图像相应各像素的亮度，屏幕上便重现了发端的原图像。

2.2.3　电子扫描

将一幅图像上各像素的明暗变化转换为顺序传送的相应的电信号，以及将这些顺序传送的电信号再重新恢复为一幅图像的过程(即图像的分解与重现)，都是通过电子扫描来实现的。

电视系统中，把构成一幅图像的各像素传送一遍称为进行了一帧处理。将组成一帧图像的像素按顺序转换成电信号的过程(或逆过程)称为扫描。电子束运动规则可分为直线扫描、圆扫描、螺旋扫描等多种形式。为充分利用图像的矩形屏幕，并使扫描设备可靠且简单，均采用直线扫描方式。

扫描的过程和读书时视线从左到右、自上而下依次进行的过程类似。从左至右的扫描称为行扫描；自上而下的扫描称为帧(或场)扫描。电视系统中，扫描是由电子枪进行的，常称为电子扫描。

为完成扫描的过程，除了需要有一定动能的电子束轰击荧光屏外，还必须让电子束在水平方向和垂直方向上同时偏转，使整个荧光屏面上任何一点都能发光而形成光栅，这是通过显像管偏转系统实现的。

1. 逐行扫描

电视系统中，摄像管与显像管外面都装有行与场两对偏转线圈，线圈中分别流过行、场锯齿波扫描电流，如图 2.5(a)所示，同时产生垂直方向和水平方向的偏转磁场。在这两个偏转磁场的共同作用下，电子束就在摄像管的光敏靶面上或显像管的荧光屏上进行直线扫描。一行紧跟一行的扫描方式称为逐行扫描。电子束在靶面上或在荧光屏上的扫描轨迹称为扫描光栅。

当行扫描锯齿波电流流过行偏转线圈时，电子束在水平方向上受力，因而产生水平方向的行扫描。如果只在显像管的行偏转线圈中通入行扫描电流，则在屏幕中间将出现一条水平亮线。

当场扫描锯齿波电流流过场偏转线圈时，电子束在垂直方向上受力，因而产生垂直方向的场扫描。若只有场扫描电流，则在屏幕中间将出现一条垂直亮线。

当行扫描电流和场扫描电流分别流过行、场偏转线圈时，电子束就在水平和垂直偏转力的共同作用下进行扫描。由于电子束水平方向的运动速度远大于垂直方向的运动速度，因此在屏幕上出现的是稍微倾斜的直线光栅，如图 2.5(b)所示。如果一场中扫描行数很多，则光栅的倾斜度就会减小，甚至看不出倾斜，这时扫描光栅被认为是水平直线的。

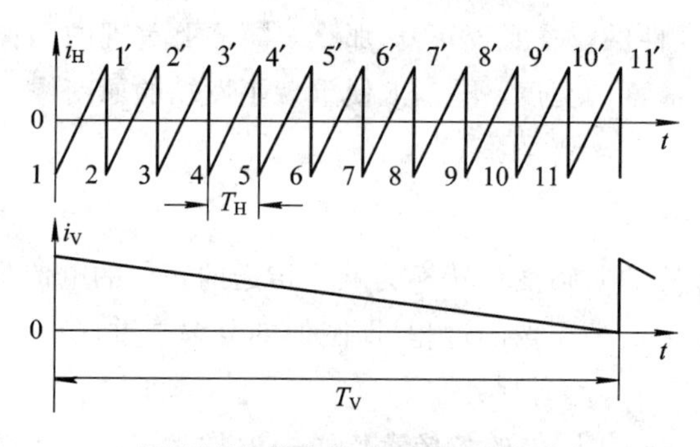

(a) 行锯齿波扫描电流、场锯齿波扫描电流

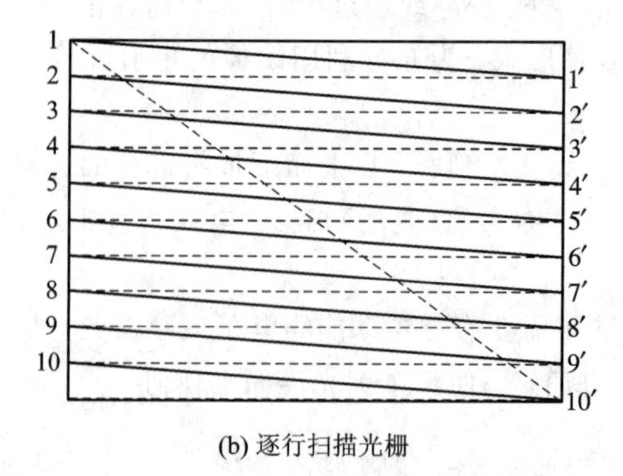

(b) 逐行扫描光栅

图 2.5　逐行扫描

在逐行扫描中，每场的光栅都应该相互重叠。若每场的扫描行数为 Z，则 $T_V = ZT_H$，

即场周期是行周期的 Z(整数)倍。扫描行数越多，图像越清晰。当人眼与屏幕保持一定距离，扫描行数足够多时，人眼将分辨不出行结构，只看到一个均匀发光的面。

为使图像清晰，在逆程期间不传送图像信号。广播电视中是在逆程期间使电子束截止，使之不显示图像(或称消隐)。因此，为获得有效的扫描光栅，须使正程扫描时间占整个扫描周期的大部分，就如同看书一样，看完一行字后，很快地会把视线移到下一行的起始位置。行扫描逆程系数的值一般在 18%左右；场扫描逆程系数的值一般在 8%左右。

逐行扫描简单、可靠，但为了保证得到高质量的图像，传输通道须具有很宽的带宽，因此在频带压缩技术不发达的年代，广播电视中都采用隔行扫描方式。

2. 隔行扫描

为保证足够的清晰度并且不产生亮度闪烁感觉，扫描行数需在 500 行以上，场扫描频率应大于临界闪烁频率 46.8 Hz，即每秒传送 46.8 场以上的图像。根据这些指标计算出的电视图像的频带是很宽的，不但会使设备复杂化，而且使在可供电视使用的频段内的电视频道数目减少。若为减小频带而降低场频，则会引起闪烁；若减少扫描行数，又会造成图像清晰度下降，于是采用隔行扫描解决以上矛盾。

隔行扫描是将一帧电视图像分成两场进行扫描，第一场扫出光栅的第 1、3、5、7、…行(奇数行)，扫奇数行的场称为奇数场；第二场扫第 2、4、6、8、…行(偶数行)，扫偶数行的场称为偶数场。如图 2.6(a)所示，i_H为行扫描电流波形，i_V为场扫描电流波形。这样，每帧图像经过两场扫描，所有像素全部扫完，以后又重复上述过程。若每秒传送 25 帧图像，则每秒扫描 50 场，即场频为 50 Hz，不会出现亮度闪烁感觉。必须注意的是，逐行扫描的场频与帧频是相同的，而隔行扫描中，帧扫描周期是场扫描周期的 2 倍，则帧扫描频率是场扫描频率的 1/2。

为保证清晰度，隔行扫描的两场光栅需均匀交错(嵌套)。为使奇数场光栅嵌在偶数场的中间(如图 2.6(b)所示)，每一场必须包含半行扫描，这就要求每一帧的扫描行数为奇数。例如，我国采用 625 行的隔行扫描制，每一场的扫描行数为 312.5 行；而美国、日本等则采用 525 行，每场扫描 262.5 行。由此得到行频 f_H与场频 f_V的关系为

$$\frac{f_H}{f_V}=\frac{Z}{2}=\frac{2n+1}{2}=n+\frac{1}{2} \tag{2-2}$$

式中，n 为正整数，$Z=2n+1$ 为帧扫描行数，且为奇数。

在电视系统中，2∶1 的隔行扫描比逐行扫描具有图像信号带宽减少了 50%的优点，那为什么不采用隔多行扫描呢。这是因为隔行扫描存在行间闪烁效应(帧频低于临界闪烁频率引起)、并行现象(两场光栅重叠的真实并行或运动物体在垂直方向引起的视在并行)等缺点，隔行越多，这些缺点就越明显。

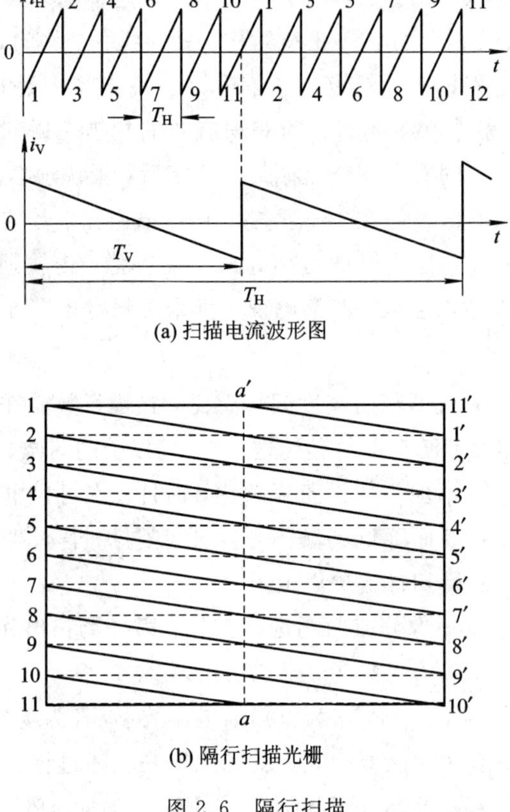

(a) 扫描电流波形图

(b) 隔行扫描光栅

图 2.6　隔行扫描

3. 扫描的同步

在电视系统中，为保证重现图像的准确，要求收端与发端同步扫描。同步是指收、发像素有一一对应的几何位置且在同一时刻被扫描。实际上，只要扫描频率相同、起始相位相同，收端就可以重现发端图像。在电视系统中，实现扫描同步的方法是在全电视信号中加入行同步和场同步信号，并在逆程期间发送。

电子束在行、场扫描正程形成图像信号，在逆程不传送图像信号，这时应使摄像管和显像管的扫描电子束截止，消除回扫线以便不干扰图像信号。因此，在行、场扫描的逆程期间加入消隐信号，使电子束在扫描逆程期被截止，这时的图像信号电平称为黑色电平。

2.3　彩色电视制式与彩色电视信号

彩色电视是在黑白电视的基础上，利用三基色原理和人眼的彩色视觉特性发展起来的，即利用了 R、G、B 三种基色的不同比例组合来模拟自然界的各种不同色彩。这表明一幅彩色图像可以通过分色系统及光电转换分解为三幅由 R、G、B 反映的基色图像。在接收端用反映三个基色图像的信号激发显像管各自对应的电子束并轰击相应的荧光粉，利用人眼的空间混色视觉效应来恢复原彩色图像的视觉感，如图 2.7 所示。

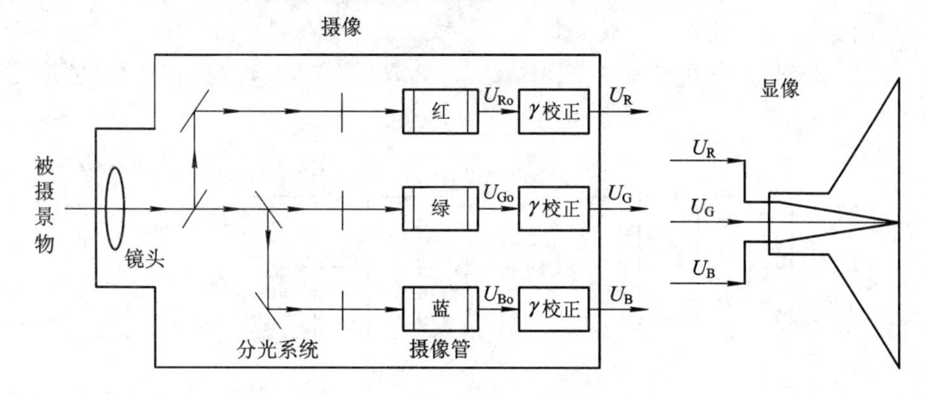

图 2.7　彩色图像的分解和重现

从发送端到接收端，传送 U_R、U_G、U_B 三种信息的方法称为彩色电视制式或彩色电视系统，而不同的传输方式正是世界上各种彩色电视制式的分歧点。

最容易想到的方法是采用三套设备和三条信道传输三个基色信号，此方法对三条信道的一致性要求严格，且不经济，实际中不可能实现。通常采用某种方式把三个基色信号通过时域或频域的变换和处理使其成为时间的单值函数，并在一个信道中传输，这是目前世界上各种彩色电视制式采用的共同的方法。

2.3.1　彩色电视制式分类

1. 同时、顺序制

按信息传输和三基色显示的方式不同，可分为顺序制、同时制和顺序一同时制。

顺序制是将三个基色信号按时间的先后顺序传输和接收，即三个基色信号在时域中分时顺序传输，在显像端利用时间和空间混色实现图像的重现，如图 2.8 所示。

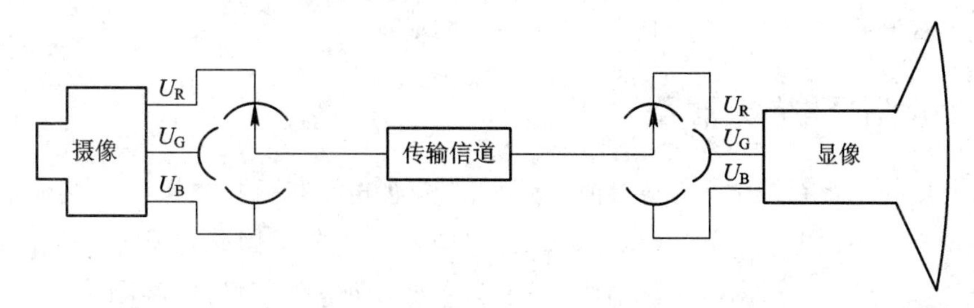

图 2.8　顺序制彩色电视原理

顺序制设备简单，但所需频带较宽，且不能与黑白电视兼容，目前在广播电视中已淘汰，主要用在工业电视和其他专用电视中。

同时制是将三基色信号通过矩阵电路变换成一个反映彩色亮度的亮度信号和表示色度的两个色差信号，然后将这三个传输信号在频域上编码，在同一信道中同时连续地传输到接收端。接收端经过解码和矩阵逆变换恢复成三个基色信号，再利用空间混色重现图像，如图 2.9 所示。

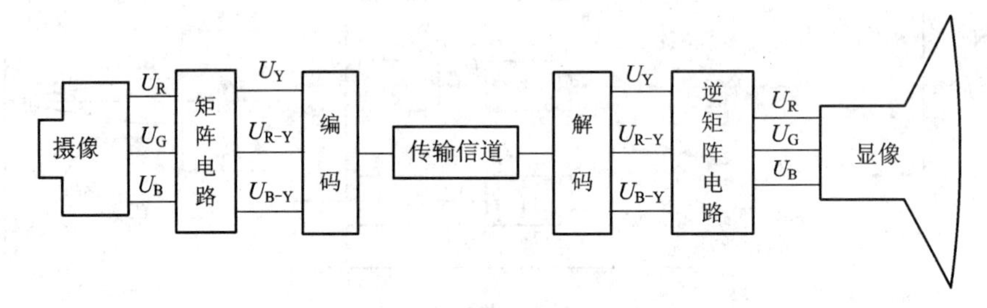

图 2.9　同时制彩色电视原理

同时制可实现黑白和彩色电视之间的兼容，但设备比较复杂，亮度信号和色度信号之间往往有串扰。目前世界上主要采用同时制的有 NTSC 制和 PAL 制。

顺序一同时制是上述两种方式的结合，两个色差信号分时顺序传输，可实现与黑白电视的兼容。目前世界上采用该制式的有 SECAM 制。

2. 兼容制彩色电视制式

彩色电视是在黑白电视的基础上发展起来的，在彩电的发展过程中，有相当长一段时间是黑白和彩色电视并存，因此必须研究黑白和彩色电视的兼容问题。

所谓兼容性，广义上有两种含义：(1) 黑白电视机接收彩色信号时，能产生与三基色信号相对应的黑白图像；(2) 彩色电视机接收黑白信号时，能在彩色荧光屏上显示黑白图像。狭义上将前者称为兼容性，后者叫逆兼容性。这就要求彩色电视系统既具有黑白电视有关的标准，又具有传输色信号的标准，因此所传送的电视信号中应有亮度信号和色度信号两部分，并且应尽可能减小黑白电视机接收彩色信号时的色度干扰。目前世界上正式采用的彩色电视制式有 NTSC 制、PAL 制和 SECAM 制。

2.3.2　亮度信号与色差信号

在彩色广播电视系统中，为与黑白电视兼容(彩色电视机可接收黑白图像)，彩色电视信号的带宽应与黑白电视一样，即 6 MHz(指我国电视制式)，因此选用的传输信号并非三个基色信号(R、G、B)，而是转换成代表三个基本参量的新的传输信号(Y、$R-Y$、$B-Y$)，Y 称为亮度信号，$R-Y$、$B-Y$ 称为色差信号。

1. 亮度信号

按计色制原理，可得亮度方程：

$$Y = 0.3R + 0.59G + 0.11B \tag{2-3}$$

该方程描述了采用等量三基色信号($R=G=B=1$)，按式(2-3)比例混合即可得到亮度信号。在彩色电视系统中，发送端由摄像管摄取图像，若摄像机摄取的是黑白图像，则其输出的三个基色信号均相等。

2. 色差信号

运用式(2-3)，色差信号计算如下：

$$R - Y = 0.7R - 0.59G - 0.11B \tag{2-4}$$

$$B - Y = -0.3R - 0.59G + 0.89B \tag{2-5}$$

$$G - Y = -0.3R + 0.41G - 0.11B = -\frac{0.3}{0.59}(R - Y) - \frac{0.11}{0.59}(B - Y) \tag{2-6}$$

若三个基色信号等量，即 $R=G=B=1$，式(2-3)值为 1，而式(2-4)、(2-5)和式(2-6)值为零，即传输的是只有亮度信号的黑白图像。

在接收端，为了重现图像的三基色信号，将三个色差信号分别与亮度信号相加，就得到三个基色信号，即

$$(R - Y) + Y = R \tag{2-7}$$

$$(B - Y) + Y = B \tag{2-8}$$

$$(G - Y) + Y = G \tag{2-9}$$

显像管接收 R、G、B 三个信号，可再现彩色图像。

3. 频谱交错原理

黑白电视信号只有亮度信号，传输带宽为 6 MHz；彩色电视信号除了传输亮度之外，还要传输色差信号，而两个色差信号 $R-Y$、$B-Y$ 的带宽为 1.5 MHz。为实现兼容，整个电视信号的传输带宽是不变的，因此选用同一个彩色副载波正交调制色差信号，使其频谱落入 6 MHz 之内，并设法不干扰亮度信号，做到三个信号 Y、$R-Y$、$B-Y$ 的总带宽仍为 6 MHz。

亮度信号 Y 选用 6 MHz 带宽，两个色差信号 $R-Y$、$B-Y$ 分别选用 1.5 MHz 带宽是考虑了人眼的视觉特性，因为人眼对亮度细节分辨力高，对色度细节分辨力低。

2.3.3 NTSC 制

NTSC(National Television Systems Committee) 制是 1953 年美国研制成功的一种兼容制彩色电视的制式，又称正交平衡调幅制。

1. 正交调制原理

为了用单一频率的副载波(正弦波)传送色度信息，NTSC 色度信号由两个色差信号分别对初相位为 0°和 90°的两个同频副载波平衡调幅后混合而成。当采用蓝、红色差信号时，色度信号可表示成

$$(B-Y)\sin\omega_{sc}t+(R-Y)\cos\omega_{sc}t \tag{2-10}$$

式中，ω_{sc} 为副载波角频率。NTSC 正交调制方框图如图 2.10 所示。

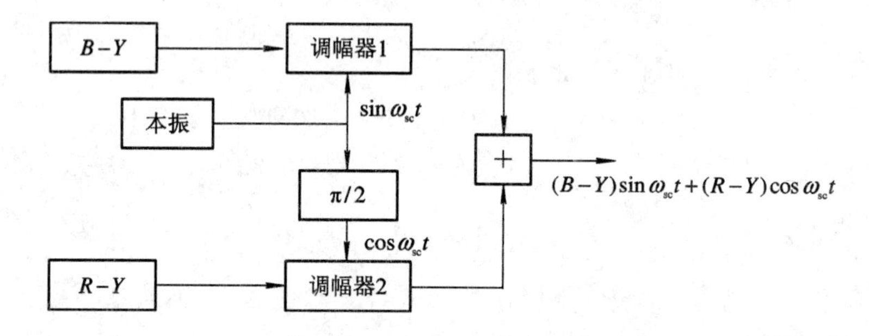

图 2.10　正交调制方框图

在 NTSC 制接收机中，上述已调信号同时经过同步检波器。同步检波器可实现：对与解调副载波有 90°相位差的信号无检波输出，对与解调副载波同相的信号有检波输出，且输出信号正比于这一分量所反映的调制信号。接收到的调制信号分别被初相位为 0°和 90°的两个检波器检波，获得 $B-Y$ 和 $R-Y$ 信号。例如，将 $E_{sc}\sin\omega_{sc}t$ 与式(2-10)相乘，可得

$$\begin{aligned}&E_{sc}(B-Y)\sin^2\omega_{sc}t+E_{sc}(R-Y)\sin\omega_{sc}t\cos\omega_{sc}t\\&=\frac{E_{sc}}{2}(B-Y)[1-\cos2\omega_{sc}t]+\frac{E_{sc}}{2}(R-Y)\sin2\omega_{sc}t\end{aligned} \tag{2-11}$$

若用低通滤波器消除式(2-11)信号中的 $2\omega_{sc}$ 分量，则只剩下 $B-Y$ 信号，而没有 $R-Y$ 信号。同理可知 $R-Y$ 信号解调原理。同步检波方框图如图 2.11 所示。

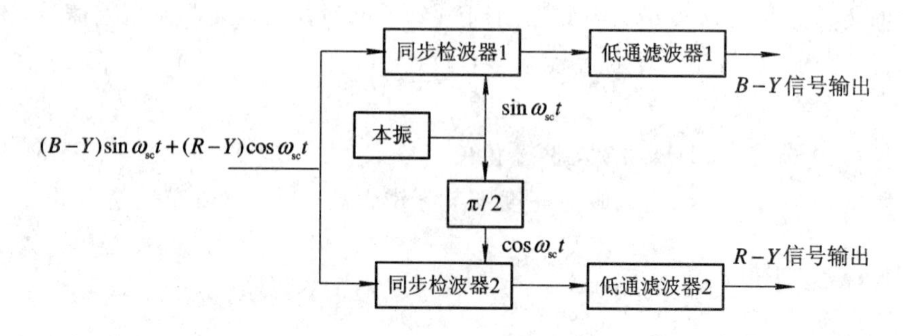

图 2.11　同步检波方框图

由式(2-10)描述的色度信号及两个平衡调幅波也可用矢量图来表示，如图 2.12 所示。图中用水平和垂直矢量分别表示两个相互正交的已调信号，矢量长度代表副载波的瞬时振幅(其变化规律反映调制信号)，矢量取向反映副载波的初相位。由此，合成矢量就代表整个色度信号，其模和幅角的计算公式如下：

$$C = \sqrt{(B-Y)^2 + (R-Y)^2} \tag{2-12}$$

$$\theta = \arctan\left(\frac{R-Y}{B-Y}\right) \tag{2-13}$$

显然，当 $R-Y$、$B-Y$ 改变时，合成矢量的模和幅角均会变化。这说明 NTSC 制色度信号既是调幅波又是调相波。

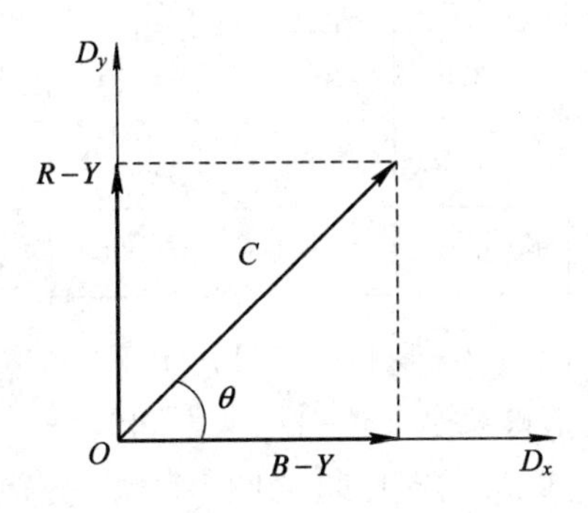

图 2.12　色度信号矢量图

通过上述分析发现，为了实现色度信号的解调分离，必须给检波器输入一个与被检信号精确同步(同相)的副载波。为此，在 NTSC 制编码器中专门产生一个色同步信号来传送同步检波所需的副载波信息。若以 $e_b(t)$表示色同步信号，以 $K(t)$表示其接近矩形的包络脉冲(称为旗形脉冲或 K 脉冲)，则有

$$e_b(t) = K(t)\sin(\omega_{sc}t + 180°) \tag{2-14}$$

2. 压缩系数

根据彩条信号参数，利用亮度公式 $Y=0.3R+0.59G+0.11B$ 和式(2-12)，可计算出每一彩色条的亮度信号、色度信号以及由它们叠加而成的复合信号的数值，表 2.2 给出了 100-0-100-0 各彩条的计算数值。

由表 2.2 中复合信号的数值可以看出：$Y+C$ 列黄条和青条的最大值分别超过白色电平 78%和 46%，而 $Y-C$ 列红条和蓝条的最小值又分别比黑色电平低 46%和 78%，这将大大超过放大器的动态范围。显然，用这样的信号对图像载波调幅将引起严重的过调制。因此，为使已调信号不超过规定的界限，同时改善兼容效果，必须限制色度信号的峰值幅度。

表 2.2　100－0－100－0 彩条亮度信号、色差信号、色度信号和复合信号数据

色别	R	G	B	Y	$B-Y$	$R-Y$	C	$Y+C$	$Y-C$
白	1.00	1.00	1.00	1.000	0.000	0.000	0.000	1.00	1.00
黄	1.00	1.00	0.00	0.886	−0.886	0.114	0.893	1.78	−0.01
青	0.00	1.00	1.00	0.701	0.299	−0.701	0.762	1.46	−0.06
绿	0.00	1.00	0.00	0.587	−0.587	−0.587	0.830	1.42	−0.24
紫	1.00	0.00	1.00	0.413	0.587	0.587	0.830	1.24	−0.42
红	1.00	0.00	0.00	0.299	−0.299	0.701	0.762	1.06	−0.46
蓝	0.00	0.00	1.00	0.114	0.886	−0.114	0.893	1.01	−0.78
黑	0.00	0.00	0.00	0.000	0.000	0.000	0.000	0.00	0.00

通常规定，在选用 100－0－100－0 彩条信号情况下，取峰值白色电平与黑色电平差为 1，图像信号的最大摆动范围不得超过峰值白色电平和黑色电平的 33%。也就是说，复合信号的最大摆动范围限制在－0.33～＋1.33 之间。为此，分别按系数 k_b 和 k_r(均小于 1)来压缩色差信号 $B-Y$ 和 $R-Y$ 的幅度，这两个系数称为压缩系数。压缩后的信号分别用 U 和 V 表示，即

$$U = k_b(B-Y) \tag{2-15}$$

$$V = k_b(R-Y) \tag{2-16}$$

为了计算压缩系数，可选择彩条中不为互补色的两条(例如黄、青或红、蓝等)，按上述规定界限建立方程(若为互补色，则两个方程将不是相互独立的)。若取黄、青条计算，则有以下联立方程：

$$\sqrt{k_b^2(B-Y)_{黄}^2 + k_r^2(R-Y)_{黄}^2} = 1.33 - Y_{黄} \tag{2-17}$$

$$\sqrt{k_b^2(B-Y)_{青}^2 + k_r^2(R-Y)_{青}^2} = 1.33 - Y_{青} \tag{2-18}$$

将表 2.2 中所列有关数值代入上述两个方程，可解得

$$\begin{cases} k_b = 0.493 \\ k_r = 0.877 \end{cases} \tag{2-19}$$

根据式(2－15)～(2－18)以及表 2.2 中的有关数据，可计算出 100－0－100－0 彩条信号压缩后的色差信号数值、色度信号的振幅和相角以及复合信号的数值，见表 2.3。

表 2.3　压缩后彩条亮度信号、色差信号、色度信号和复合信号数据

色别	白	黄	青	绿	紫	红	蓝	黑
Y	1.000	0.886	0.701	0.587	0.413	0.299	0.114	0.000
U	0.000	−0.437	0.147	−0.289	0.289	−0.147	0.437	0.000
V	0.000	0.100	−0.615	−0.515	0.515	0.615	−0.100	0.000
C	0.000	0.448	0.632	0.591	0.591	0.632	0.448	0.000
θ	—	167^0	283^0	241^0	61^0	103^0	347^0	—
$Y+C$	1.00	1.33	1.33	1.18	1.00	0.93	0.56	0.00
$Y-C$	1.00	0.44	0.07	0.00	−0.18	−0.33	−0.33	0.00

3. NTSC 制副载波频率的选择

由于电视图像信号是通过逐行、逐场和逐帧扫描形成的，因而其频谱中的能量集中分布在以行频及其各次谐波频率为中心的较窄范围内，呈现为在上述各频率处的一簇簇谱线的形式。每一谱线群包含一根处在整数倍行频的主频谱线和以场频及帧频为间隔分布于其两侧的一对对副频谱线。对于静止图像，因为相继各帧的所有细节都重复出现，所以这种谱线群结构表现得十分明显。对于细节经常变化的一般图像，频谱结构将变得复杂得多，但仍然表现为有较大空隙间隔的、相对集中的谱线群分布。因此，通过精确选定副载波频率，可使色度信号的各谱线群正好插在亮度信号各谱线群的中间，这就是频谱交错原理。

与亮度信号类似，色差信号的频谱也具有以行频 f_H 为间隔的谱线群结构。当对副载波平衡调幅形成已调信号时，发生了频谱迁移，各谱线群出现在副载频 f_{sc} 处及 $f_{sc}\pm nf_H$（n 为正整数）处。显然，只要将 f_{sc} 精确地选在两个相邻的整数倍行频的正中间，两个色度信号分量的各谱线群就正好都插在亮度信号各谱线群的中间，即实现了色度信号和亮度信号的频谱交错。

将副载波频率选成与整数倍行频相差半行频（即副载频等于半行频的奇数倍），称为半行频偏置或 1/2 偏置。考虑到其他因素，还要求两者的差频也等于半行频的奇数倍。

对于 525 行、60 场扫描的 NTSC 制，行频 f_H = 15 734.264 Hz，副载频选为

$$f_{sc}=\left(228-\frac{1}{2}\right)f_H=3.57\ 954\ 506\ \text{MHz} \tag{2-20}$$

2.3.4　PAL 制

PAL（Phase Alternation Line）制是 1962 年在西德（当时东、西德未统一）研制出来的一种彩色电视制式，又称逐行倒相正交平衡调幅制。PAL 制是在 NTSC 制的基础上发展起

来的，也采用正交平衡调幅。不同的是，PAL 制使一个已调色差信号分量 $U\sin\omega_{sc}t$ 维持不变，而将另一个已调色差信号分量 $V\cos\omega_{sc}t$ 进行逐行倒相。即传送第 n 行时为 $+V\cos\omega_{sc}t$，传送第 $n+1$ 行时为 $-V\cos\omega_{sc}t$，传送第 $n+2$ 行时又为 $V\cos\omega_{sc}t$，如此逐行交替传送。PAL 制克服了 NTSC 制在信号传送中由于相位的变化而引起的色调失真。

1. PAL 制调制原理

PAL 制的已调色度信号为

$$\begin{aligned} e_c(t) &= U(t)\sin\omega_{sc}t + g(t)\cos\omega_{sc}t \\ &= \sqrt{V^2+U^2}\sin(\omega_{sc}t+\theta) \\ &= C\sin(\omega_{sc}t+\theta) \end{aligned} \tag{2-21}$$

其中，$C=\sqrt{V^2+U^2}$，$\theta = g(t)\arctan\dfrac{V}{U}$。

$g(t)$是一个逐行取$+1$和-1的开关函数，其表达式为

$$g(t)=\begin{cases} +1 & (2nT_H < t < (2n+1)T_H) \\ -1 & ((2n+1)T_H < t < (2n+2)T_H) \end{cases} \tag{2-22}$$

其中，T_H表示行周期；n 表示行数，为正整数。

压缩后的 PAL 制 100％彩条信号矢量图如图 2.13 所示，其中虚线为 PAL 行的色度信号矢量，实线为 NTSC 行的色度信号矢量。由图 2.13 可知，在相同信号源的情况下，NTSC 行的色度信号矢量和 PAL 行的色度信号矢量关于 U 轴对称，并且幅度相等。

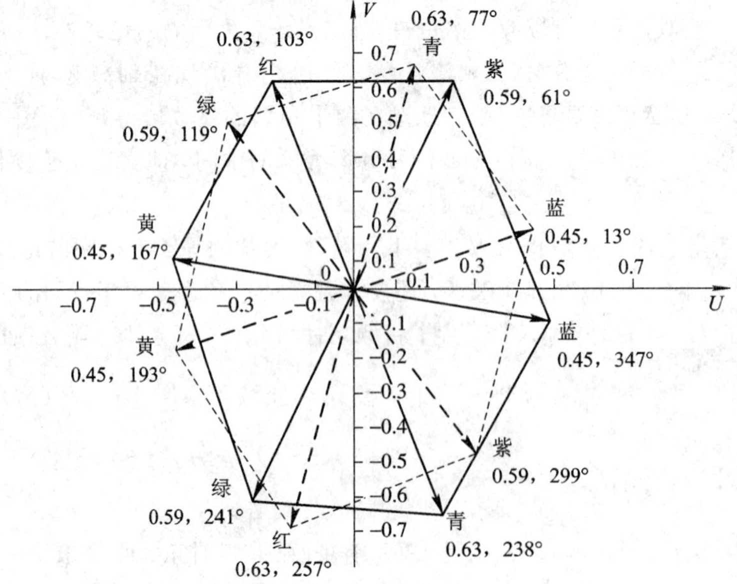

图 2.13 压缩后的 PAL 制 100％彩条信号矢量图

在接收端，为检出正确的 V 信号，必须使送入 V 信号同步检波器的副载波相位也和发送端一样进行逐行倒相，检波以后的 V 信号就恢复为原状态，相当于图 2.13 中的 PAL 行又回到了 NTSC 行的位置(在无相位失真的情况下)。

2. 相位误差失真的补偿

PAL 制的最大优点是能补偿相位误差所造成的失真。

设传送红色信号，第 n 行色度信号矢量为

$$C(n) = U\sin\omega_{sc}t + V\cos\omega_{sc}t \tag{2-23}$$

因为逐行倒相，则第 $n+1$ 行所传送的已调色度信号矢量变为

$$C(n+1) = U\sin\omega_{sc}t - V\cos\omega_{sc}t \tag{2-24}$$

也就是说，若 $C(n)$ 在第一象限，则 $C(n+1)$ 就在第四象限，成为 $C(n)$ 的镜像矢量。可以想象，第 $n+2$ 行时，$C(n+1)$ 又回到第一象限，与 $C(n)$ 重合。这样，彩色矢量就在第一、四象限逐行来回摆动。这是无相位失真时的情况，如图 2.14 所示。

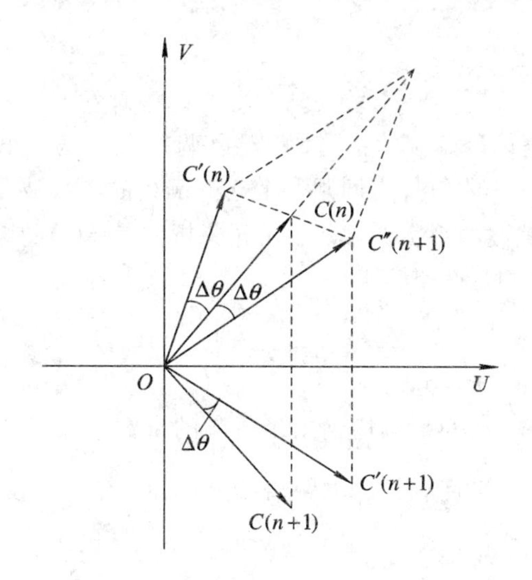

图 2.14　PAL 制相位失真的补偿

设传送过程中产生相位失真，第 n 行的彩色矢量 $C(n)$ 向 V 轴靠近了 $\Delta\theta$ 的角度，变成了矢量 $C'(n)$。若 $C(n)$ 代表紫色，则 $C'(n)$ 为紫偏红色。由于相邻两行的相位失真基本相同，因此第 $n+1$ 行的彩色矢量 $C(n+1)$ 将向 U 轴靠近 $\Delta\theta$ 的角度，变成矢量 $C'(n+1)$。在接收端色度信号的解调过程中，$C'(n+1)$ 被倒相，变为第一象限的 $C''(n+1)$。显然，$C''(n+1)$ 与 $C(n)$ 也偏离 $\Delta\theta$ 的角度($C''(n+1)$ 比 $C(n)$ 落后 $\Delta\theta$)，其色调为紫偏蓝色。如果将相邻两行所传送的色度信号 $C'(n)$ 和 $C''(n+1)$ 进行平均，就能使相邻两行有相反方向色调畸变的色度信号相互补偿，得到无色调畸变的紫色。

由图 2.14 可知，第 $n+1$ 行所得到的平均矢量为

$$C_s = \frac{1}{2}[C'(n) + C''(n+1)] \tag{2-25}$$

上式是矢量相加，矢量 C_s 的方向与无失真矢量 $C(n)$的方向完全相同，只是其幅度比 $C(n)$略小。这说明色调没有发生畸变，仅饱和度有所下降。因此，这个平均作用把严重的色调畸变改善为人眼不敏感的饱和度畸变，在很大程度上克服了 NTSC 制色调易发生畸变的缺点。

目前，PAL 制中较完善的平均方法是采用延时线把两行信号加以平均。例如，将第 n 行的色度信号延迟 64 μs 后，与第 $n+1$ 行的色度信号进行平均，同时第 $n+1$ 行的色度信号也延迟 64 μs，与第 $n+2$ 行的色度信号平均，依此类推。

3. PAL 制副载波频率的选择

在 PAL 制中，由于 V 信号的副载波是逐行倒相的，因此 PAL 制的频谱不同于 NTSC 制的频谱。

PAL 制色度信号表达式为

$$C = U\sin\omega_{sc}t + g(t)V\cos\omega_{sc}t \tag{2-26}$$

式中：第一项 $U\sin\omega_{sc}t$ 和 NTSC 制的相同，因此已调 U 信号的频谱与 NTSC 制的相同；第二项 $g(t)V\cos\omega_{sc}t$ 相当于用 V 信号去调制一个逐行倒相的副载波 $g(t)\cos\omega_{sc}t$，$g(t)\cos\omega_{sc}t$ 可看做是方波 $g(t)$对副载波的平衡调幅。下面先分析方波 $g(t)$的频谱。

用傅里叶级数将 $g(t)$展开，得

$$g(t) = \frac{4}{\pi}\left(\cos\frac{\omega_H}{2}t - \frac{1}{3}\cos\frac{3\omega_H}{2}t + \frac{1}{5}\cos\frac{5\omega_H}{2}t + \cdots\right) \tag{2-27}$$

式中：ω_H为行扫描角频率。$g(t)$的频谱是由半行频的奇数倍构成的，基波为$\frac{f_H}{2}$，其次是衰减很快的各奇次谐波等。由平衡调幅波的频谱特点可知，在副载波 f_{sc}被 $g(t)$平衡调幅后，其频率成分为上、下两个边频 $f_{sc}\pm\frac{2n+1}{2}f_H$，若副载波仍采用$\frac{1}{2}$行频间置，则 $f_{sc}\pm\frac{2n+1}{2}f_H$ 必然是 f_H的整数倍。这样，已调 V 信号的频谱将与亮度信号的频谱重合在一起，从而产生色度信号 V 和亮度信号 Y 之间的严重串扰。

为避免 V 信号和亮度信号的串扰，在 PAL 制中，彩色副载波频率 f_{sc}不采用半行频间置，而采用$\frac{1}{4}$行频间置，即选择彩色副载波频率为 $f_{sc}=\left(n-\frac{1}{4}\right)f_H$，一般取 $n=284$，所以有 $f_{sc}=\left(284-\frac{1}{4}\right)f_H$（我国 PAL 制行频为 15 625 Hz）。这样，已调色度信号 V 和 U 的主谱线和亮度信号的主谱线相差$\frac{f_H}{4}$，并分别安插在亮度信号谱线的两边，如图 2.15 所示。

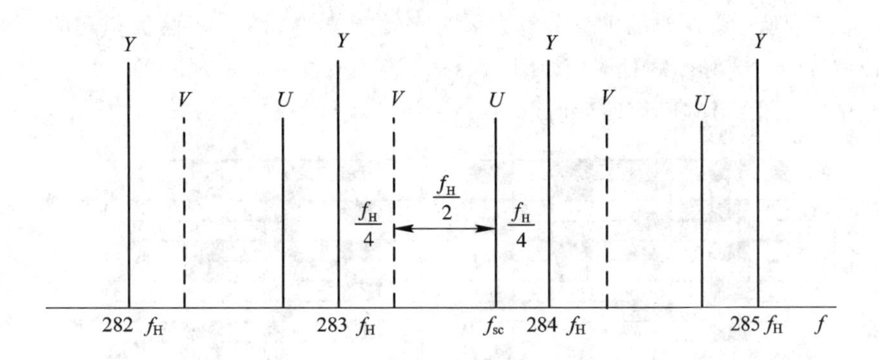

图 2.15　PAL 制 1/4 行频间置频谱

2.4　系统分解力与图像清晰度

电视图像清晰度是指人眼主观感觉到的图像细节的清晰程度。电视系统传送图像细节的能力，称为它的分解力。主观图像清晰度与客观系统分解力有关。电视的扫描行数越多，景物被分解的像素数越大，重现图像的细节越清楚，主观感觉到的图像清晰度也越高。而像素的多少，很大程度上取决于扫描行数，因而常用扫描行数来表征电视系统的分解力。分解力又分为垂直分解力和水平分解力。

1. 垂直分解力

垂直分解力是指电视系统沿图像垂直方向所能分解的像素数(或黑白相间的条纹数)。像素的大小取决于扫描电子束的截面积，当截面积一定的情况下，垂直分解力直接决定于扫描行数，但它不会超过每幅图像的扫描行数。因为在进行图像分解时，并不是每一个扫描行数都是有效的。

(1) 在场扫描的逆程期内，被消隐的行数不能用来分解图像；若标称扫描行数为 Z，则分解图像的有效行数为$(1-\beta)Z$(其中 β 为场扫描逆程系数)。

(2) 由于像素和扫描电子束之间相对位置的影响，使有效扫描行并不一定都能有效地分解图像，如图 2.16 所示。

图 2.16(a)中，被摄图像为黑白相间的纵向条纹，其黑白条纹宽度与电子束直径相当。在摄取图 2.16(a)中的第一列景象时，电子束刚好落在黑白相间的像素上，接收端可以正确地重现图像(如图 2.16(b)第一列)，这时的垂直分解力等于有效的扫描行数$(1-\beta)Z$。当摄取图 2.16(a)第二列景象时，电子束扫描黑白像素各半，电子束摄取的信号只能反映被扫描部分亮度的平均值，在接收端重现的是一条灰色的带子，如图 2.16(b)第二列所示。若被摄图像的黑白相间的条纹数减少一半，如图 2.16(a)第三列所示，则其重现图像如图

2.16(b) 第三列所示，这时的垂直分解力仅为有效行数的一半。当黑白相间的条纹分别落在相邻扫描行的 1/3 和 2/3 处时，如图 2.16(a)第四列所示，重现时的图像还能看到灰色深浅的变化，如图 2.16(b)第四列所示。

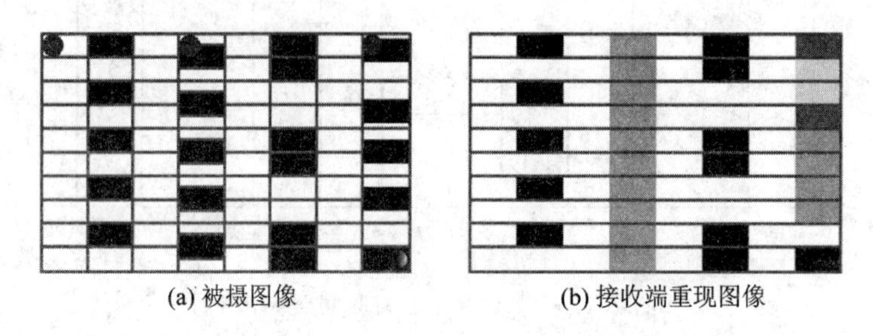

图 2.16　扫描单元对垂直分解力的影响

由以上分析可知，由于扫描电子束与像素相对位置的影响，垂直分解力介于有效扫描行数 $z(1-\beta)$ 和一半有效行数之间。通常用一个小于 1 的垂直分解系数 K_1 来描述这一特性，K_1 取值一般为 0.65～0.75。综合考虑，垂直分解力 M 为

$$M = K_1 z(1-\beta) \tag{2-28}$$

在我国电视标准中，$z=625$ 行，$\beta=8\%$，取 $K_1=0.75$，则 $M\approx431$ 行。

2. 水平分解力

水平分解力是指电视系统沿图像水平方向所能分解的像素数(或黑白相间的条纹数)。图 2.17(a)为一幅由许多黑白相间的垂直条纹组成的图像，当电子束截面积足够小，相对于图像细节变化可以忽略不计时，对应的电信号为一串矩形脉冲，如图 2.17(b)所示。显然，沿水平方向的条纹数愈多，或者说沿水平方向图像细节变化愈快，信号的频谱愈丰富，传送相应信号要求的通频带越宽，否则将产生失真。可见，传输通道的通频带将限制图像的水平分解力。

实际扫描电子束具有一定的截面积，而且扫描过程是连续渐进的，其结果使脉冲前后沿展宽，引起图像细节模糊。扫描电子束的截面积使电视系统水平分解力下降，这种现象称为孔阑效应。当电子束直径与条纹宽度相差不多时，图像信号将接近于正弦波，如图 2.17(c) 所示。

从减小孔阑效应提高分解力考虑，电子束的直径 d 应尽量小，但并非越小越好，因为扫描行数一定时，电子束截面积越小，则画面被扫到的部分越少，从而降低了传输效率。因此应合理选择电子束直径，以等于扫描行间距为宜。

实践证明，水平分解力与垂直分解力相同时图像质量为最佳，考虑到帧型比 K(宽高比)，则水平分解力 N 为

$$N = KM = KK_1 Z(1-\beta) \tag{2-29}$$

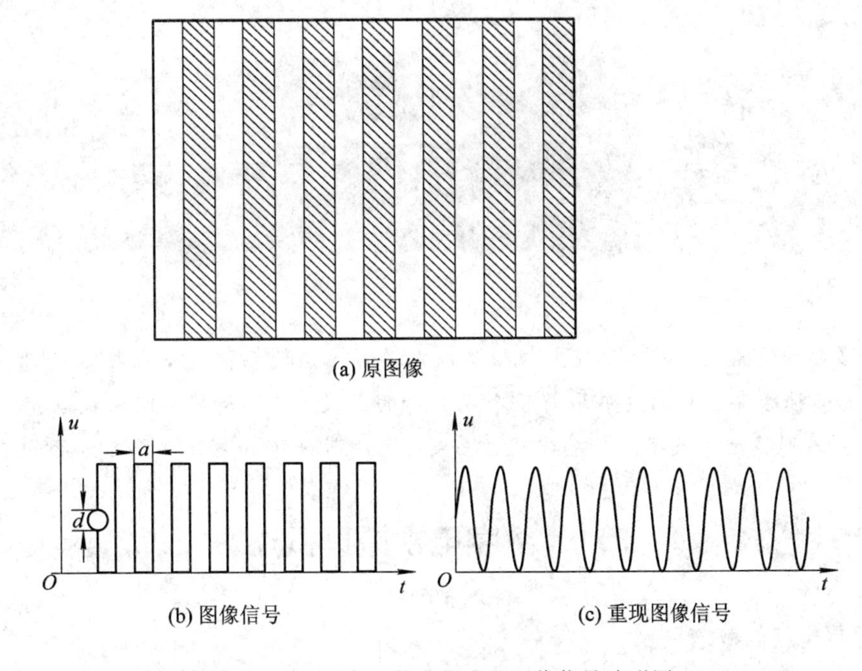

(a) 原图像

(b) 图像信号　(c) 重现图像信号

图 2-17　竖条图像及相应的图像信号波形图

当扫描行数 Z 增加时，图像分解的像素数增多，清晰度提高；但 Z 的增加，要求电视传输通道的带宽扩大。按我国电视标准，$K=4/3$，$f_V=50$ Hz，$Z=625$，$K_1(1-\beta)=0.7$，可知隔行扫描电视信号带宽接近 6 MHz。所以 Z 的选择要从图像质量、清晰度、带宽和设备的经济性等各方面综合考虑。

习　题

2-1　简述三基色原理。

2-2　简述隔行扫描原理。

2-3　为什么要将 $R-Y$、$B-Y$ 信号转换成 V、U 信号？

2-4　PAL 彩色制如何实现相位失真的补偿？

2-5　比较 NTSC 和 PAL 制彩色电视的优缺点。

2-6　分析垂直分解力和水平分解力。

第3章 数字电视的基本概念

近十多年来，微电子技术、超大规模集成电路技术、数字信号处理技术和计算机技术的突飞猛进，使数字电视的发展取得了令人鼓舞的成果，特别是数字图像获取、数字存储、位图打印和图形显示的数字设备的出现，给数字电视带来了许多数字图像方面的应用。

3.1 数字电视原理概述

1. 数字电视的概念

模拟电视最明显的缺点主要体现在：易受干扰、亮色互串、色度畸变、行闪烁、大面积闪烁、清晰度低；在接力传输时产生噪声，长距离传输会使信噪比恶化，图像清晰度受到损伤；在发送、传输设备中，放大器的非线性积累使图像对比度产生畸变；相位失真的积累产生色彩失真，使鬼影现象越来越严重。同时模拟电视还有稳定度差、可靠性低、调整复杂、不便集成、自动控制困难以及成本高昂等缺点。

工业发达国家的电视演播室设备数字化已完成，数字电视接收机已上市出售，各种数字图像编码压缩设备随多媒体技术的发展已投入使用，国际上也制定了多个数字电视的编码压缩标准，为数字电视的发展奠定了坚实的基础。从应用方面来讲，数字电视的使用范围已经超越了广播娱乐界，数字电影、数码相机、数字医学图像处理和数字图像印刷等技术已得到广泛应用。数字电视技术逐渐扩展到文化教育、科研管理、工矿企业、医疗卫生、公安交通、军事宇航等各个领域。

数字电视系统是指采用数字技术将活动图像、声音和数据等信号加以压缩、编码、传输、存储等处理，经实时发送或利用记录媒体(如影碟)存储、传播后，供用户接收、播放的视听系统。它本质上是将传统模拟电视信号经过取样、量化和编码转化成二进制形式的数字电视信号，或者是利用数字摄像机、数字录像机、数字摄录机等设备直接产生数字电视信号，进行一系列针对数字信号的处理、传输、存储和记录，然后实施发送、广播，供观众接收、播放的视听系统。严格意义上的数字电视系统是从演播室节目摄制、节目编辑、节目制作、信号发射、信号传输、信号接收到节目显示完全数字化的电视系统。数字电视系统可以传送多种业务，如高清晰度电视、常规清晰度电视、立体声及数据业务等。

2. 数字电视技术的优点

数字电视技术与原有的模拟电视技术相比，有以下主要优点：

(1) 数字信号在抗干扰性和几乎无误差、完美的图像和声音的广播上，其性能要优于模拟信号。数字信号在传输过程中通过再生技术和纠错编解码技术使噪声不逐步积累，基本不产生新的噪声，可以保持信噪比基本不变，收端图像质量基本保持与发端一致，可实现高保真传输，图像、伴音质量与演播室效果无差异，能够获得高清晰度视频效果及杜比AC-3 5.1 声道环绕立体声音频效果，适合多环节、长距离传输。

电视信号经过数字化后是用若干位二进制的两个电平来表示，即在时间和幅度上都离散化的信号("1"和"0")，因而在连续处理过程中或在传输过程中衰减或引入杂波后，其杂波幅度只要不超过某一额定电平，通过数字信号再生，都可以把它清除掉，即使某一杂波电平超过额定值造成误码，也可以利用纠错编解码技术纠正过来，所以，在数字信号传输过程中，不会降低信噪比。而模拟信号是在时间和幅度上都连续的信号，因而在信号的采集、处理、记录、传送及接收的整个过程中所产生的非线性失真和引入的附加噪声都是"累加"的，模拟信号在处理和传输中，每次都可能引入新的杂波，为了保证最终输出有足够的信噪比，就必须对各种处理设备提出较高信噪比的要求。

(2) 数字设备的输出信号稳定可靠。因数字信号只有"0"和"1"两个电平，"1"电平的幅度大小只要满足处理电路中能识别出是"1"电平即可，因而能够避免在模拟系统中非线性失真对图像的影响，消除了微分增益和微分相位失真引起的图像畸变。由于数字电路的集成度相比较模拟电路而言要高得多，因而有利于设备小型化和提高设备的可靠性。

(3) 易于实现信号的存储和数字处理。数字电视信号具有极强的可复制性，用在节目制作上可提高图像质量。通过使用各种数字处理设备，如帧存储器、数字特技机、数字时基校正器，产生新的特技形式，增强了屏幕艺术效果；通过计算机、多媒体技术与数字电视技术相结合而产生了非线性编辑系统和虚拟演播室系统，完成用模拟技术不可能达到的处理功能。

(4) 可以合理地利用各种类型的频谱资源。数字信号可使用基于冗余度缩减的压缩编码技术，以提高频谱利用率，增加系统可靠性，降低运行费用。以地面广播而言，数字电视可以启用模拟电视禁用频道，而且在今后能够采用单频率网络(single frequency network)技术进行节目的大面积有效覆盖，即相同的数据流，用两个或更多的物理上独立的发射机在相同的频率上发射，对接收到的混合信号再进行均衡处理。如用一个数字电视频道完成一套电视节目的全国覆盖。利用数字压缩技术使传输信道带宽比模拟电视明显减少，进行地面方式发送时，原 PAL 信道可播放 1 套高清晰度数字电视（HDTV）或 4 套标准清晰度数字电视（SDTV），有线电视网中的一个 PAL 通道可播放 8～10 套标准清晰度数字电视（SDTV）。对于卫星传输及广播，利用数字压缩技术，可以在一个卫星频道上转发多套电视节目，从而达到节省卫星信道、提高传输容量的目的。

(5) 很容易实现加密解密和加扰解扰技术，便于专业应用（包括军用）以及广播应用（特别是开展各类收费业务）。采用数字编码方法，便于实现加扰和解扰技术，使收费电视在实际中得以应用。

(6) 数字电视信号具有可扩展性、可分级性和互操作性，便于在各类通信信道特别是异步转移模式（ATM）的网络中传输，也便于与计算机网络联通。HDTV 数据包长度是 188 个字节，正好是 ATM 信元的整数倍，因此可用 4 个 ATM 信元来完整地传送一个 HDTV 传送包，因而可实现 HDTV 与 ATM 的方便接口。随着电视数字设备向多媒体方向发展，可形成开放性的电视多媒体网络，方便与各类计算机网络联通，达到信息共享。

(7) 数字电视技术带来新的业务。如提供与节目相关的数据，将与节目有关的数据随节目一起传送。如用户通过电视台传送的电视节目指南，可以了解节目的播出时间和简要内容，帮助观众方便快速地寻找自己感兴趣的节目。进行数据广播，如游戏、软件、图片、股票信息、电子报纸等，用户可以根据自己的需要选择与节目有关的数据和信息。进行交互式业务，利用电话线或有线电视回传通道，实现用户与电视中心和有线电视前端的交互操作，如 VOD、远程教学、电视会议等。

(8) 数字电视可实现移动接收。在移动速度小于 120 km/h 的情况下，可以稳定地接收数字电视信号，而模拟电视只能固定接收。

(9) 数字电视具有高质量的音响效果。数字电视采用 AC－3 或 MUSICAM 等环绕立体声编解码方案，既可避免噪声、失真，又能实现多路纯数字环绕立体声，使声音的空间临场感、音质透明度和高保真等方面都更胜一筹。数字电视同时还具有多语种功能，使得收看一个节目时可以选择不同的语种。

数字电视不仅使图像质量提高，而且使现有的频率资源大幅度地增值，从而引起电视业务、经营方式及制作方式的变革。

3. 数字电视的分类

数字电视有很多种分类方法，可以按传输系统分类，或按消费类、专业类和演播室数字设备分类，或按清晰度业务分类。

数字电视一般有以下几种分类方式：

(1) 按信号传输方式可以分为地面无线传输（地面数字电视 DVB－T）、卫星传输（卫星数字电视 DVB－S）、有线传输（有线数字电视 DVB－C）三类。

(2) 按清晰度一般分为普及型清晰度数字电视(PDTV)、标准清晰度数字电视(SDTV)、增强清晰度数字电视(EDTV)和高清晰度数字电视(HDTV)四种。不同清晰度级别的数字电视之间具有向下兼容性，高端产品可以兼容低端产品。

(3) 按发送信号的幅型可以分为 4∶3 幅型比和 16∶9 幅型比两种类型。但 HDTV 一定是 16∶9 宽幅型比的。

(4) 按产品类型可以分为数字电视显示器、数字电视机顶盒、一体化数字电视接收机。

(5) 按扫描线数(显示格式)可以分为 HDTV 扫描线数(大于 1000 线)和 SDTV 扫描线数(600～800 线)等。

高清晰度电视并不一定就是数字电视，数字电视也不全是高清晰度电视，但目前所说的 HDTV 一般指高清晰度数字电视。数字电视系统与模拟电视系统的根本区别在于电视信号编码和传输体制的革命性改变，即信源和信道部分数字技术的采用。

3.2　电视信号数字化参数

电视信号数字化后数码率很高，占用频带较宽，原有的传输信道已不适应要求。例如，亮度信号 Y 的抽样频率一般选为 13.5 MHz(3 倍彩色副载波频率)，每样点值经 8 bit 量化后，数码率为 13.5×8＝108 Mb/s。两个色差信号 U、V 抽样频率为 6.75 MHz(3/2 倍彩色副载波频率)，每样点值经 8 bit 量化后，数码率为 54 Mb/s。所以在不采用任何措施的情况下，总的数码率为 108＋54＋54＝216 Mb/s。而理论上 PCM 二进制传输信道每 1 Hz 带宽能传的最高数码率为 2 b/s。这相当于要求信道提供 108 MHz 的带宽，是现有视频信号带宽的 10 倍以上。这就要求必须对信号进行数字化，并对数字化的信号进行压缩，再进行传输。光纤通信的应用，开辟了新的宽频带信道。另外，数字电视压缩编码技术能显著压缩频带，因而数字电视的传输也正在迅速发展。

电视信号数字化系统首先将模拟电视信号进行取样、量化、编码变换为数字信号，然后在信道中传输或在设备中存储并加工处理，最后由译码器(亦称解码器)把数字信号还原为模拟信号。为了减少信道传输中产生的误码，要加信道编码器进行纠错。为了适应不同特性的信道，信号应进行不同的调制和变换。

为了提高播出图像的质量，电视中心采用以下各种数字电视设备：

(1) 数字时基校正器。用以改善录像机重放图像的质量。录像机重放的图像信号时基误差较大，会造成编辑和多次复制时图像质量下降，所以必须采取校正措施。首先将被校正的信号以它的时基信号为基准写入存储器，然后以电视中心的时基信号为基准读出，即可得到时基误差较小的视频信号。

（2）帧同步器。用以将不同来源的非同步电视信号变成同步的电视信号，以便进行切换和特技混合等处理。它能解决用同步锁相方法不能解决的多个信号源同步的问题。它的原理与时基校正器基本相同，只是帧同步器的存储量要求至少为一帧。写入由输入视频信号形成的时基信号控制，读出由电视中心的时基信号控制。

（3）数字制式转换器。用以将不同制式的电视信号互相转换，便于国际间电视节目交换。它的原理是将数字化后的视频信号存储起来，存储量为一帧；然后采用空间滤波器和时间复用器，将复合编码所产生的数字信号源变换为亮度和色度信号按时间分割的数字信号源；用场内插器改变输入信号的场频，用行内插器改变输入信号的行数；最后用新的副载波对处理后的模拟信号进行重新调制，完成制式转换。

不论数字电视信号如何存储、传输、恢复原始信号，其首要前提是对模拟电视信号进行数字化。

3.2.1 抽样结构

抽样结构是指抽样点在空间与时间上的相对位置。数字电视中一般大都采用固定正交结构，即各帧、各场、各行的样点都是垂直对准的，在图像平面上沿水平方向取样点等间隔排列，沿垂直方向取样点上下对齐排列。固定正交结构有利于行、帧间信号处理，如图3.1所示。

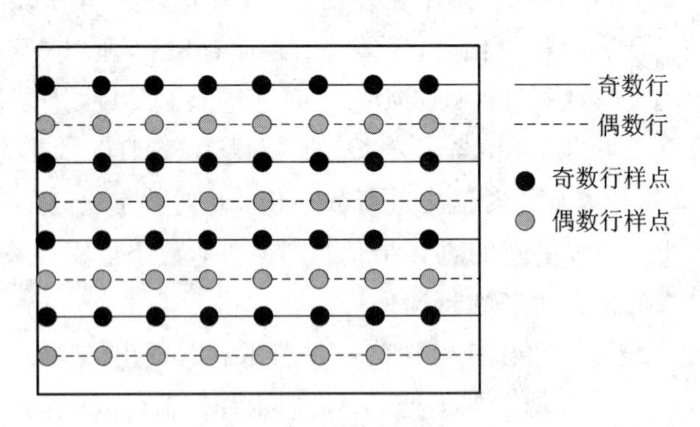

图 3.1 固定正交结构示意图

除此之外取样频率还应该满足：

（1）取样定理，即取样频率应该大于亮度视频带宽 6 MHz 的两倍，即

$$f_s \geqslant 12\ \text{MHz} \tag{3-1}$$

（2）为了便于节目的国际间交流，亮度信号取样频率的选择还必须兼顾国际上不同的扫描格式。现行的扫描格式主要有 625 行/50 场和 525 行/59.94 场两种，它们的行频分别为 15625 Hz 和 15734.264 Hz。这两个行频的最小公倍数是 2.25 MHz，也就是说取样频率

应是 2.25 MHz 的整数倍，即

$$f_s = m \times 2.25\ \text{MHz}$$

在 CCIR 601 建议中，$m=6$，亮度信号取样频率 f_s 为 13.5 MHz，对 625 行/50 场扫描格式的亮度信号来说，每行的取样点数为 864 个，对于 525 行/59.94 场扫描格式的亮度信号来说，每行的取样点数为 858 个。为提高编码效率，去掉行、场逆程的取样，得到降低了的有效行取样数，建议两种制式有效行内的每行取样点数为亮度信号取 720 个。

在对数据压缩之前，必须对分量信号进行正交抽样。$Y:U:V$ 抽样点结构可分为三种：4∶4∶4、4∶2∶2 和 4∶2∶0。

1. 4∶4∶4、4∶2∶2 和 4∶2∶0 抽样点结构

图 3.2 所示为 4∶4∶4、4∶2∶2 和 4∶2∶0 三种抽样点结构。

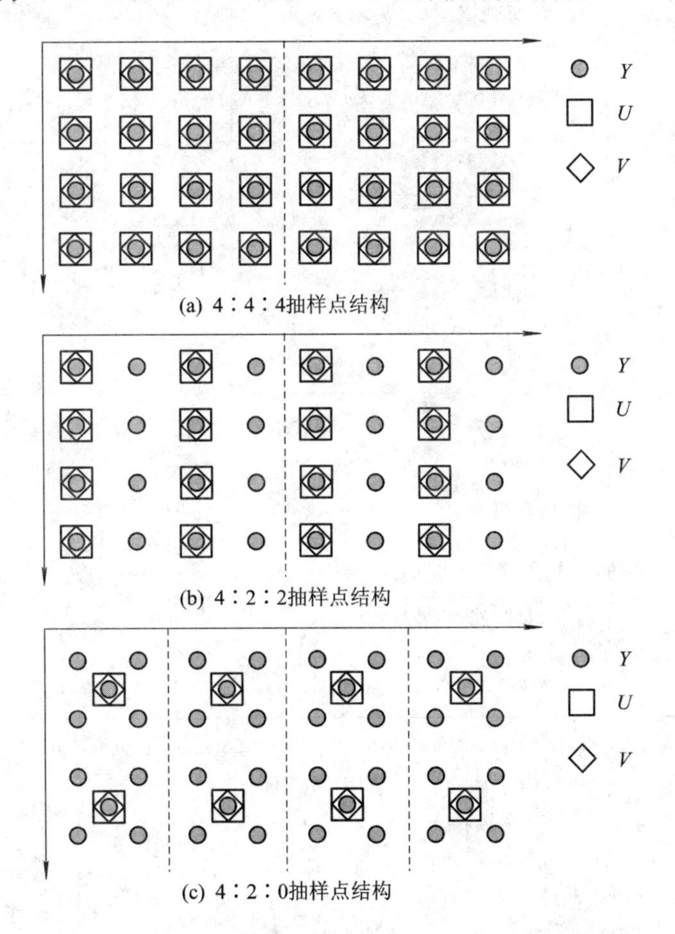

图 3.2　抽样点结构

图 3.2(a)为 4∶4∶4 抽样点结构，该结构中每一个抽样点都有亮度信号 Y 和两个色差信号 U、V；图 3.2(b)为 4∶2∶2 抽样点结构，该结构中每一个抽样点都有亮度信号 Y，而在行方向上每四个抽样点分别有两个色差信号 U、V；图 3.2(c)为 4∶2∶0 抽样点结构，该结构中每一个抽样点都有亮度信号 Y，而在上、下两行每四个抽样点分别有一个色差信号 U、V。

2. 图像数据格式和不压缩时数码率的计算

1）几种典型数字电视设备的数据格式

表 3.1 列出了几种典型数字电视设备的数据格式。

表 3.1　几种典型的数字电视设备的数据格式

系统	编码方式	Y 像素结构(宽×高)	U、V 像素结构	每秒帧数
电视电话	QCIF	176×144=22×18×(8×8)	88×72=11×9×(8×8)	25
VCD	MPEG-1 (CIF) (SIF)	352×288=44×36×(8×8) (PAL)	176×144=22×18×(8×8)	25
		352×240=44×30×(8×8) (NTSC)	176×120=22×15×(8×8)	30
DVD	MPEG-2 (D1)	720×576=90×72×(8×8) (PAL)	360×576=45×72×(8×8)	25
		720×480=90×60×(8×8) (NTSC)	360×480=45×60×(8×8)	30
HDTV	MPEG-2 (高级窄屏) 4∶3	1440×1152=180×144×(8×8)	720×576=90×72×(8×8)	25
		1440×960=180×120×(8×8)	720×480=90×60×(8×8)	30
	MPEG-2 (高级宽屏) 16∶9	1920×1152=240×144×(8×8)	960×576	25
		1920×960=240×120×(8×8)	960×480	30

注：QCIF(Quarter Common Intermediate Format)为四分之一公用中间格式；
CIF(Common Intermediate Format)为公用中间格式；
SIF(Source Input Format)为源输入格式；
VCD(Video Compact Disc)为视频光盘；
DVD(Digital Video Disc)为数字视频光盘；
HDTV(High Definition Television)为高清晰度电视；
D(Definition)为分辨率，D1 表示 D1 格式。

2）不压缩时数码率的计算

数码率＝一帧图像点样数×每样点比特数×每秒帧数(25 Hz)

一帧图像样点数＝每行有效样点数×一帧图像的有效行数

对 DVD 图像格式可作如下计算：

(1) 对于 Y 信号，速率的计算如下：

一行样点数＝13.5 MHz/15.625 kHz＝864

一行有效样点数＝864×η＝864×0.83＝720（η 为水平回扫率，该式即表示去掉行消隐后的有效样点数）

一帧有效行数＝625－50＝575（取 576，即表示去掉场消隐后的有效行数）

一帧图像样点数＝720×576＝414 720

Y：720×576×8 bit×25 Hz＝82.944 Mb/s

(2) 对于 U、V 信号，如按 Y∶U∶V＝4∶2∶2，其数码率计算如下：

V：360×576×8 bit×25 Hz＝41.472 Mb/s

U：360×576×8 bit×25 Hz＝41.472 Mb/s

合计为 165.9 Mb/s。

按这种计算方法算出的数码率不包括行、场消隐期间的样点数据。如按 MPEG－2 ML@MP(主档次主等级)标准压缩后，数码率为 8.448 Mb/s，压缩比约为 20∶1；如按 MPEG－1 标准压缩后，数码率为 2.048 Mb/s，压缩比约为 82∶1。

3.2.2　量化

抽样把模拟信号变成了时间上离散的脉冲信号，但脉冲的幅度仍然是模拟的，还必须进行离散化处理，才能最终用数码来表示。这就需要对幅值进行舍零取整的处理，这个过程称为量化。

视频信号量化采用舍入量化。如图 3.3 所示，即用四舍五入来处理被量化信号与预置量化级数电平之间的差值。在图 3.3 中，ΔA 表示量化间距，$f(t)$表示视频信号，$f'(t)$表示量化后的电平函数值。这样，$f(t)-f'(t)$为舍入量化的量化误差，最大量化误差为$\frac{\Delta A}{2}$。

下面分析舍入量化的量化噪声。

输入信号的动态范围 A 一定时，把它变换为有限个 M 量化电平级，则量化间距 ΔA 越小，量化级数 M 越多，可表示为

$$M=\frac{A}{\Delta A} \tag{3-2}$$

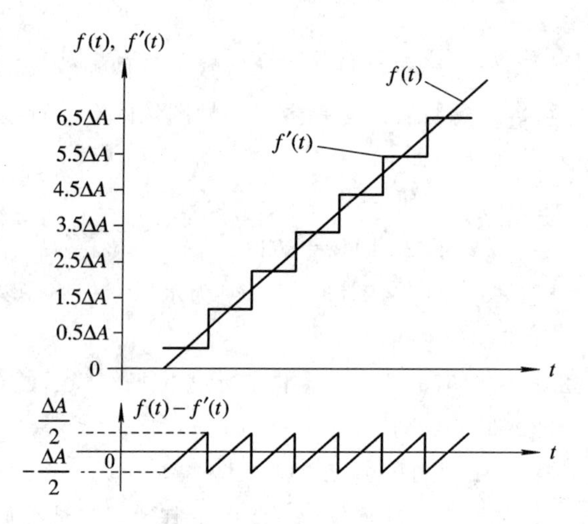

图 3.3　舍入量化

采用二进制编码，所需的比特数 n 也随 M 的增大而增大，即

$$M = 2^n \tag{3-3}$$

M 与 n 的取值主要由量化的信噪比决定。

1. 均匀量化时的信噪比

在输入信号的动态范围内，任何地方的量化间隔幅度相等的量化称均匀量化或线性量化。从图 3.3 可以看出，舍入量化的量化误差为$\frac{\Delta A}{2}$或$-\frac{\Delta A}{2}$。设 $f(t)$为连续信号，$f'(t)$为量化后输出的阶梯信号，$e(t)$为量化误差，则有

$$e(t) = f(t) - f'(t) \tag{3-4}$$

舍入量化时，$e(t)$除 $f(t)$的极大值和拐点缓变区外，其余部分都呈锯齿状。$e(t)$的斜率 $k=\Delta A/T$，所以 $e(t)=kt=\frac{\Delta A}{T}t$。设量化噪声功率为 N_q，它是单位负载电阻上量化误差电压的平方在周期 T 中的平均值，即

$$N_q = \frac{1}{T}\int_{-\frac{T}{2}}^{\frac{T}{2}} [e(t)]^2\, dt = \frac{\Delta A^2}{T^3} \cdot \frac{t^3}{3}\Bigg|_{-\frac{T}{2}}^{\frac{T}{2}} = \frac{\Delta A^2}{12} \tag{3-5}$$

可以得出结论：量化间距 ΔA 越小，量化误差引起的失真功率也越小。

电视信号(单极性信号)的量化信噪比计算式如下：

$$\frac{S_{p\text{-}p}}{N_q(r.m.s)} = \frac{\Delta A \times 2^n}{\sqrt{\frac{\Delta A^2}{12}}} = 2\sqrt{3} \times 2^n \tag{3-6}$$

式中：$S_{p\text{-}p}$表示电视信号峰峰值；$N_q(r,m,s)$表示噪声信号均方根值。

式(3－6)用分贝表示为

$$\left[\frac{S_{\text{p-p}}}{N_{\text{q}}(r.m.s)}\right]_{\text{dB}} = 20\log(2\sqrt{3}\times 2^n) = 10.8 + 6n \tag{3-7}$$

可以得出结论：量化比特数 n 每增加 1 bit，信噪比上升 6 dB，反之，n 每下降 1 bit，信噪比降低 6 dB。按照 ITU－R BT.601 建议，用于传输时的视频信号量化比特数取 $n=8$ bit，此时，量化信噪比应为 59 dB。数字信号在传输过程中只要不产生误码，或者当所产生的误码被全部纠正过来时，就不会增加新的噪声。所以，在测量数字电视的信噪比时，基本上可由量化信噪比来确定。量化比特数 n 与量化信噪比的关系如表 3.2 所示。

表 3.2　均匀量化时量化比特数与量化信噪比的关系

量化比特数 n/bit	5	6	7	8	9	10
量化信噪比/dB	41	47	53	59	65	71

2. 声音信号(双极性信号)的量化信噪比

设声音信号的最大幅度为 A，它是在 $+A$ 到 $-A$ 之间变化的。对它均匀量化成 N 级，有

$$2A = N\times\Delta A,\quad N = 2^n \qquad \text{(以二进制表示)}$$

量化信噪比为

$$\frac{S_{\max}}{N_{\text{q}}} = \frac{\dfrac{A^2}{2}}{\dfrac{\Delta A^2}{12}} = \frac{3}{2}\times 2^{2n} \tag{3-8}$$

用分贝表示为

$$\left[\frac{S_{\max}}{N_{\text{q}}}\right]_{\text{dB}} = 6.02\times n + 1.76 \tag{3-9}$$

3. 用非均匀量化改善量化信噪比

式(3－6)和式(3－8)可分别写为

$$\frac{S_{\text{p-p}}}{N_{\text{q}}(r.m.s)} = 2\sqrt{3}\times\frac{A}{\Delta A} \tag{3-10}$$

$$\frac{S_{\max}}{N_{\text{q}}} = \frac{3}{2}\times\left(\frac{2A}{\Delta A}\right)^2 \tag{3-11}$$

由式(3－10)和式(3－11)可以看出，当均匀量化间距 ΔA 固定时，量化信噪比随输入信号幅度 A 的增加而增加。这就使得在强信号时可把噪声淹没掉，但在弱信号时，噪声的干扰就十分显著。为改善弱信号的信噪比，使得在输入信号幅度变化时，量化信噪比基本不变，应使均匀量化间距 ΔA 随输入信号幅度 A 的改变而改变。即强信号时粗量化(加大

ΔA)，弱信号时细量化(减小 ΔA)，也就是采用非均匀量化(或称非线性量化)来改善量化信噪比。

在对实际信号的统计中，我们发现，信号处于低电平范围的概率大于高电平范围的概率，因此设想：在均匀量化前先对信号进行预处理，使出现概率较大的低电平部分得到较大的增强，出现概率较小的高电平部分增强较小或基本保持不变；对信号进行非均匀量化，即量距随着信号电平的降低而减少，使各个电平的相对量化误差基本保持不变。

以上两种措施都称为非均匀量化，都会使相对量化误差的均方值减少，也就是使输出量化信噪比提高。所以可以采用非均匀量化来改善量化信噪比。

非均匀量化的具体实现也就是采用以上两种思路的方法。

一种方法是把非线性处理器放置在编码器之前和解码器之后的模拟电路部分，编解码器中仍然采用均匀量化，在均匀量化编码器之前，对输入的信号进行大幅度的压缩，这样就等效了对强信号进行粗量化。在均匀量化解码器之后，再进行反特性扩张，以恢复原始信号。压缩扩张编码方式如图 3.4 所示。

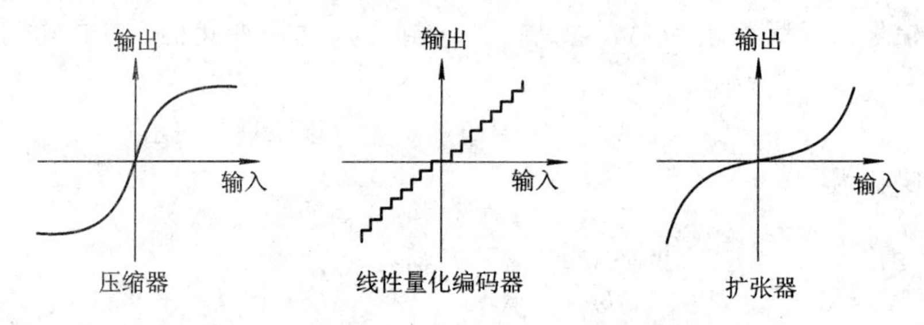

图 3.4　压缩扩张编码方式

另一种方法是直接采用非均匀量化。对于视频信号，在高效编码时常采用非均匀量化器。在 MPEG 标准中，经过 DCT 变换后对变换系数进行非均匀量化，低频信号采用细量化，高频信号采用粗量化。非均匀量化如图 3.5 所示。

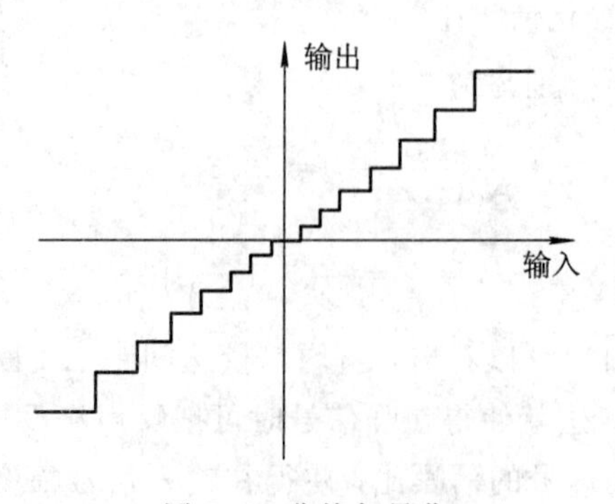

图 3.5　非均匀量化

3.2.3　编码

抽样、量化后的信号还不是数字信号，需要把它转换成数字编码脉冲，这一过程称为编码。最简单的编码方式是二进制编码。具体说来，就是用 n 比特二进制码来表示已经量化了的样值，每个二进制数对应一个量化值，然后把它们排列，得到由二值脉冲组成的数字信息流。在接收端，可以按所收到的信息重新组成原来的样值，再经过低通滤波器恢复原信号。用这样方式组成的脉冲串的频率等于抽样频率与量化比特数的积，称为所传输数字信号的数码率。显然，抽样频率越高，量化比特数越大，数码率就越高，所需要的传输带宽就越宽。

彩色电视信号所用 PCM 编码方式有两种，即全信号编码和分量信号编码。全信号编码是将模拟的全电视信号直接进行模数转换，以形成数字式全电视信号；而分量信号编码则是分别对 Y、$R-Y$、$B-Y$ 信号进行模数转换，然后将这些信号并路合成为数字式全电视信号。

全信号编码的优点是码率低些，设备较简单，适用于在模拟系统中插入单个数字设备的情况。采用全信号编码时由抽样频率和副载频间的差拍造成的干扰将影响图像的质量，它的缺点是数字电视的抽样频率必须与彩色副载频保持一定的关系，而各种制式的副载频各不相同，难以统一。

分量信号编码的优点是编码与制式无关，只要抽样频率与行频有一定的关系，便于制式转换和统一。由于 Y、$R-Y$、$B-Y$ 分别编码，可采用时分复用方式，因此避免了亮色互串，可获得高质量的图像。在分量信号编码中，亮度信号用较高的数码率传送，两个色差信号的数码率可低一些 ，但总的数码率比较高，设备价格相应较贵。

图 3.6(a)所示为全信号编码，图 3.6(b)所示为分量信号编码。

从图 3.6(a)可看出，模拟全电视信号经 A/D 变换为数字信号，再经全信号编码压缩后输出，在接收端经全信号解码，最后经 D/A 变换为模拟全电视信号。这种全信号编码方式的示意图看似简单，但易造成亮、色干扰。对 SECAM 彩色电视制式来说，由于色差信号对副载波的调制方式是调频的，难以采用全信号编码，只能用分量信号编码。

从图 3.6(b)可看出，模拟信号经 A/D 变换后，再经过亮、色分离，分离成数字亮度信号 Y 和两个色差信号 U、V，并将其送入各自的编码压缩器中，再经复用后输出，在接收端经分量信号解码得到 Y、U、V 三个数字分离信号，最后经 D/A 和模拟矩阵电路输出为模拟全电视信号。分量信号编码增加了数字亮、色分离，但编码压缩是对分量信号进行的，消除了亮、色干扰现象。这种方式可使图像质量提高，因此应用较为广泛。国际标准中均采用分量信号编码方式。

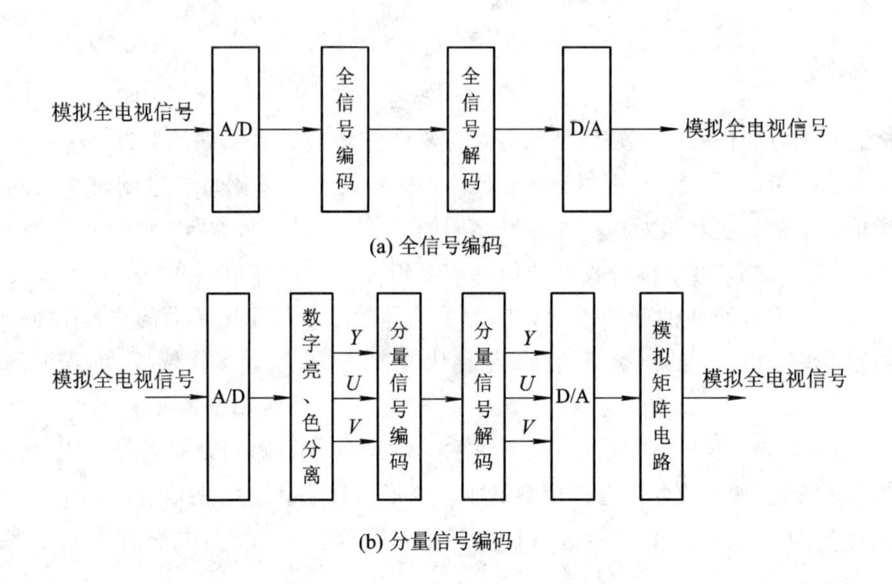

图 3.6　全信号编码和分量信号编码框图

3.3　视频分量信号量化比特数确定和量化电平的计算

为了获得高质量的数字化电视信号和便于国际间的节目交换，国际无线电咨询委员会(CCIR)601 号建议中要求全数字化的电视中心采用分量信号编码，以便不同彩色电视制式采用统一的编码标准。其取样频率定为：Y 信号用 13.5 MHz，$R-Y$ 和 $B-Y$ 信号用 6.75 MHz，都是 8 bit 均匀量化。在抽样、量化前还必须对三个分量信号进行 γ 校正。由电视原理可知，亮度信号方程为

$$Y = 0.299R + 0.587G + 0.114B \tag{3-12}$$

色差信号方程为

$$R - Y = 0.701R - 0.587G - 0.114B \tag{3-13}$$

$$B - Y = -0.299R - 0.587G + 0.886B \tag{3-14}$$

当传送黑白和彩色(包括补色)时，从以上三式可得到视频信号的标称值，如表 3.3 所示。由表 3.3 可知，亮度信号的动态取值范围在 0～1 之内，色差信号 $R-Y$ 的动态范围是 ±0.701，$B-Y$ 的动态范围是 ±0.886。为了使色差信号的动态范围也控制在 ±0.5 之内，需将色差信号进行压缩，压缩系数为

$$k_r = 0.5 \div 0.701 = 0.713 \tag{3-15}$$

$$k_b = 0.5 \div 0.886 = 0.564 \tag{3-16}$$

表 3.3　100%彩条色度信号、亮度信号和色差信号的标称值

颜色	信号					
	R	G	B	Y	$R-Y$	$B-Y$
白	1.0	1.0	1.0	1.0	0	0
黑	0	0	0	0	0	0
红	1.0	0	0	0.299	0.701	−0.299
绿	0	1.0	0	0.587	−0.587	−0.587
蓝	0	0	1.0	0.114	−0.114	0.886
黄	1.0	1.0	0	0.886	0.114	−0.886
青	0	1.0	1.0	0.701	−0.701	0.299
紫	1.0	0	1.0	0.413	0.587	0.587

归一化后的色度信号和色差信号为

$$C_r = 0.713(R - Y) = 0.5R - 0.419G - 0.08B \tag{3-17}$$

$$C_b = 0.564(B - Y) = -0.169R - 0.331G + 0.5B \tag{3-18}$$

亮度信号 Y 以 8 bit 均匀量化时分为 256 个量化级，即量化电平为 0～255 量化级，相当于二进制的 00000000～11111111。在 PCM 编码中，虽然为了防止过载把视频信号调整在 1 V 峰峰值范围内，并为了避免因图像信号直流成分变动所引起的信号动态范围的扩大而在量化前进行了箝位，但造成过载仍是可能的，例如视频信号电平的操作不稳定性，因陡峭的前置滤波器和孔阑校正电路造成过冲以及箝位过程中的过渡过程等，于是在 256 的量化级中上端留下 20 量化级，下端留下 16 量化级作为防止超越动态范围的保护带。其中量化电平为 16 时代表黑量化电平极限，量化电平为 235 时代表白量化电平极限。

亮度信号量化电平为

$$E_Y = 219Y + 16 \tag{3-19}$$

黑色区：　$Y=0，E_Y=16$

白色区：　$Y=1，E_Y=235$

色差信号经过压缩信号处理以后的动态范围为−0.5～+0.5，中间信号的零电平对应的量化电平为 256/2=128。色差信号总共分配 224 个量化级，上端和下端各留 16 个量化级作为防止过载的保护带。

色差信号量化电平为

$$E_{C_r} = 224C_r + 128 \tag{3-20}$$

$$E_{C_b} = 224C_b + 128 \tag{3-21}$$

引入压缩系数后，有下式：

$$E_{C_r} = 224[0.713(R-Y)]+128 = 160(R-Y)+128 \tag{3-22}$$

$$E_{C_b} = 224[0.564(B-Y)]+128 = 126(B-Y)+128 \tag{3-23}$$

习　题

3-1　普通彩色电视信号数字化后未经压缩的数码率为多少？相当于多少模拟信号带宽？

3-2　什么是固定正交结构？请分别画出4∶4∶4、4∶2∶2和4∶2∶0的结构。

3-3　按照8 bit量化，求出标准彩条信号中紫色条的Y、U、V信号的量化电平。

3-4　什么叫做HDTV？它的扫描行数和带宽大约为多少？

3-5　计算DVD在4∶2∶2格式下不压缩时的数码率。

第 4 章　图像信号的数字化

数字传输能够提供模拟传输所无法实现的性能和灵活性，因此数字通信系统受到越来越广泛的重视，图像信号传输亦如此。

4.1　电视信号的离散化

对一维模拟电视信号 $f(t)$进行离散化的过程称为一维抽样。例如，将一个连续的图像信号 $f(t)$送入图 4.1(a)所示的输入端，系统中加入抽样信号 $s(t)$后，在抽样脉冲持续时间 τ 内，S 接通，输出端就得到被抽样以后的 $f_s(t)$信号，如图 4.1(d)所示。

抽样过程可被看作一个乘法过程，用数学关系表示为

$$f_s(t) = f(t) \cdot s(t) \tag{4-1}$$

τ 越小，越能正确反映出输入信号在离散点的瞬时值。当 $\tau \ll T_s$(抽样周期)时，抽样信号 $s(t)$可认为是周期性单位冲激函数 $\delta_T(t)$，即

$$\delta_T(t) = \sum_{n=-\infty}^{\infty} \delta(t - nT_s) \tag{4-2}$$

此时，被抽样后输出的信号如图 4.1(f)所示。式(4-1)变为

$$f_s(t) = f(t) \cdot \delta_T(t) = \sum_{n=-\infty}^{\infty} f(t) \cdot \delta(t - nT_s) \tag{4-3}$$

根据冲激函数的性质，有

$$f_s(t) = \sum_{n=-\infty}^{\infty} f(nT_s) \cdot \delta(t - nT_s) \tag{4-4}$$

式(4-4)是理想的抽样输出 PAF(脉幅调制)信号的表示式。

根据抽样定理可知，若一个连续信号 $f(t)$的频谱中最高频率为 ω_m，则抽样频率 $\omega_s \geqslant 2\omega_m$时，抽样后的信号就包含原连续信号的全部信息。抽样后的信号只需通过一个截止频率为 $\omega_s/2$ 的低通滤波器就能恢复原始信号。可证明如下：

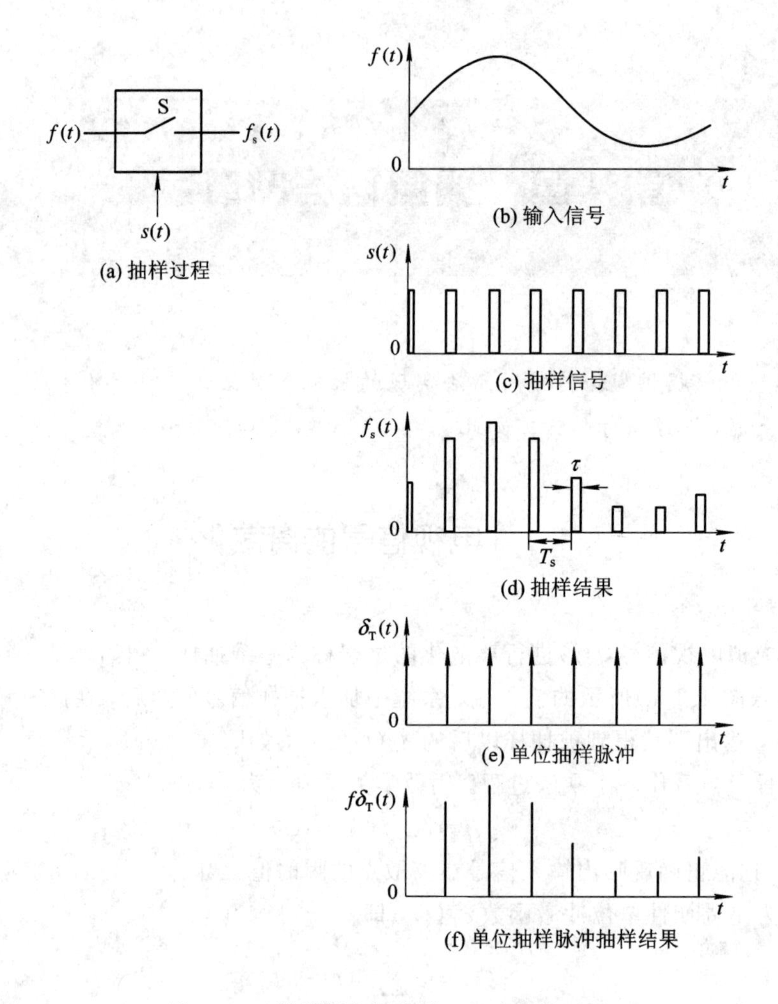

图 4.1　一维模拟电视信号 $f(t)$离散化过程

设模拟信号 $f(t)$的频谱为 $F(\omega)$，信号最高频率小于等于 ω_m；采用单位脉冲序列函数进行抽样，即

$$S(t)=\delta_T(t)=\sum_{n=-\infty}^{\infty}\delta(t-nT_s)$$

任何一个周期函数都可展开成傅里叶级数，故

$$\delta_T(t)=\sum_{n=-\infty}^{\infty}C_n e^{jn\omega_s t}$$

$$C_n=\frac{1}{T_s}\int_{\frac{-T_s}{2}}^{\frac{T_s}{2}}\delta_t(t)e^{jn\omega_s t}\ dt=\frac{1}{T_s}$$

因此 $\delta_T(t)$ 函数又可以写成

$$\delta_T(t) = \sum_{n=-\infty}^{\infty} \frac{1}{T_s} e^{jn\omega_s t} = \frac{1}{T_s} \sum_{n=-\infty}^{\infty} e^{jn\omega_s t} \tag{4-5}$$

$\delta_T(t)$ 函数的傅里叶变换为

$$F[\delta_T(t)] = \Delta_T(\omega) = F\left[\frac{1}{T_s} \sum_{n=-\infty}^{\infty} e^{jn\omega_s t}\right]$$

其中 $\Delta_T(\omega)$ 表示傅里叶变换后的频谱函数。

根据傅里叶变换的性质，可得

$$\begin{aligned}\Delta_T(\omega) &= F\left[\frac{1}{T_s} \sum_{n=-\infty}^{\infty} e^{jn\omega_s t}\right] = \frac{2\pi}{T_s} \sum_{n=-\infty}^{\infty} \delta(\omega - n\omega_s) \\ &= \omega_s \sum_{-\infty}^{\infty} \delta(\omega - n\omega_s)\end{aligned} \tag{4-6}$$

式(4-6)说明，$\delta_T(t)$ 脉冲序列的频谱仍然是 δ 脉冲线谱，其线谱的幅度为 $2\pi/T_s$。

下面求抽样后脉冲函数的频谱，根据傅里叶变换的特点，可得

$$F_s(\omega) = \frac{1}{2\pi} F(\omega) * \Delta_T(\omega) = \frac{1}{T_s} \sum_{n=-\infty}^{\infty} F(\omega - n\omega_s) \tag{4-7}$$

当 $n=0$ 时，上式为

$$F_s(\omega) = \frac{1}{T_s} F(\omega)$$

由此，可以得出如下结论：

(1) 经过理想抽样后，输出信号的频谱仍保留着输入信号的频谱，信息没有丢失。

(2) 对模拟信号 $f(t)$ 的理想抽样可以看成是 $f(t)$ 对 $\delta_T(t)$ 脉冲序列进行调幅的结果。模拟信号、单位脉冲序列理想抽样信号、抽样输出信号三者的频谱关系如图 4.2 所示。

由图 4.2 可以看出，只要满足 $\omega_s \geqslant 2\omega_m$，就可采用一截止频率为 $\omega_s/2$ 的滤波器不失真地滤出原信号。如果抽样信号 $s(t)$ 不是理想的周期冲激函数 $\delta_T(t)$，而是具有一定宽度的矩形周期脉冲序列，如图 4.1(c)所示，它的数学表达式为

$$S(t) = \begin{cases} A & \frac{-\tau}{2} < t < \frac{\tau}{2} \\ 0 & \frac{\tau}{2} < t < T_s - \frac{\tau}{2} \end{cases} \tag{4-8}$$

其中，A 表示图 4.1(c)抽样信号的幅度。

任何一个周期函数 $s(t)$ 都可以用傅里叶级数表示成

$$S(t) = \sum_{n=-\infty}^{\infty} C_n e^{jn\omega_s t} \tag{4-9}$$

式中

$$C_n=\frac{1}{T_s}\int_{-\frac{\tau}{2}}^{\frac{\tau}{2}} s(t)\mathrm{e}^{-\mathrm{j}n\omega_s t}\,\mathrm{d}t=\frac{1}{T_s}\int_{-\frac{\tau}{2}}^{\frac{\tau}{2}} A\mathrm{e}^{-\mathrm{j}n\omega_s t}\,\mathrm{d}t$$

$$=-\frac{A}{\mathrm{j}n\omega_s T_s}\left[\mathrm{e}^{-\mathrm{j}n\omega_s t}\right]_{-\frac{\tau}{2}}^{\frac{\tau}{2}}=\frac{A\tau}{T_s}\times\frac{\sin\frac{n\omega_s\tau}{2}}{\frac{n\omega_s\tau}{2}}$$

$$=\frac{A\tau}{T_s}\mathrm{Sa}\left(\frac{n\omega_s\tau}{2}\right) \tag{4-10}$$

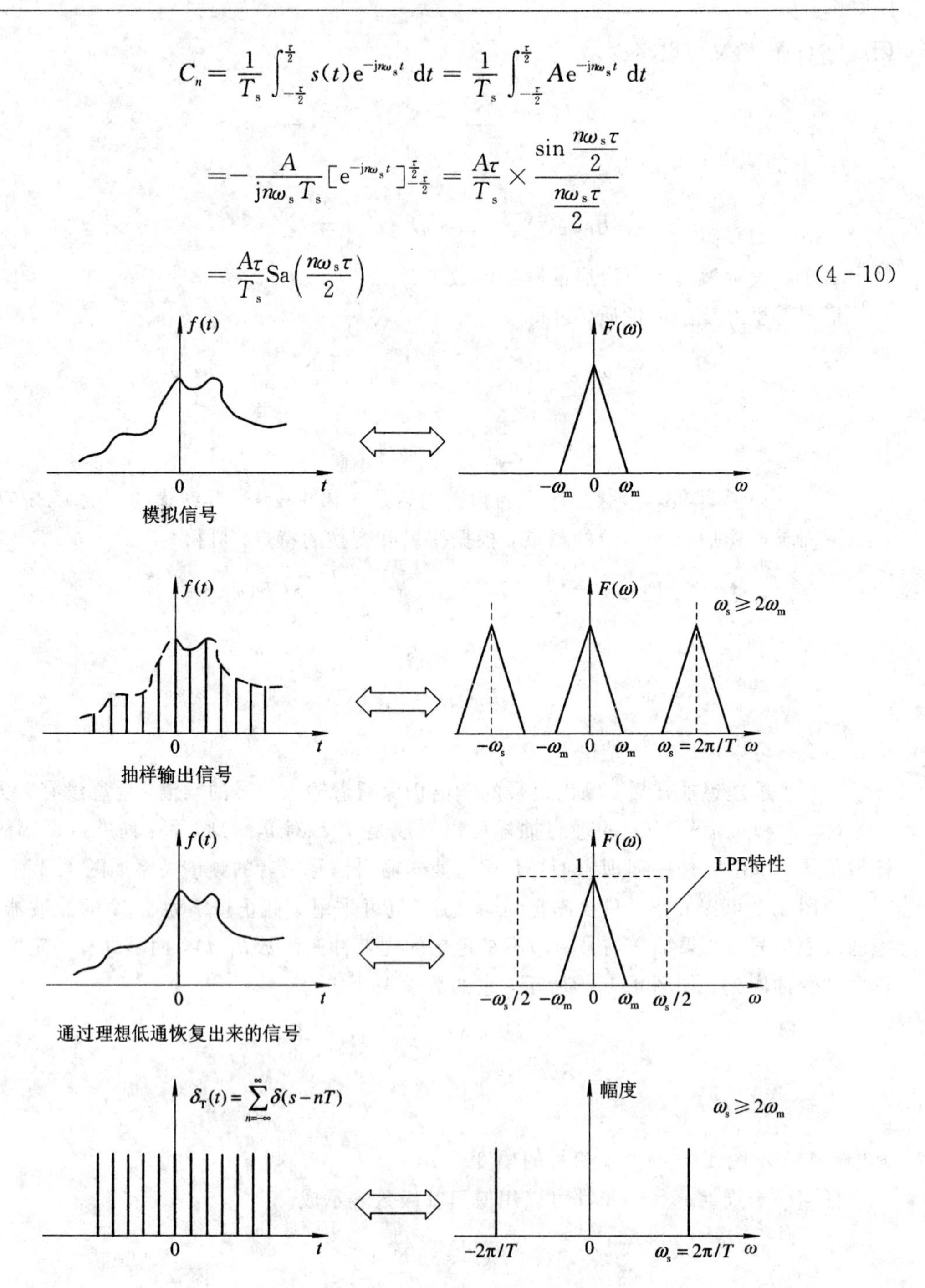

图 4.2　模拟信号、理想抽样信号与输出信号的关系

其中

$$\mathrm{Sa}\left(\frac{n\omega_s\tau}{2}\right)=\frac{\sin\frac{n\omega_s\tau}{2}}{\frac{n\omega_s\tau}{2}}$$

将式(4-10)代入式(4-9)中可得矩形抽样脉冲序列的时域函数为

$$S(t)=\frac{A\tau}{T_s}\sum_{-\infty}^{\infty}\left(\frac{\sin\frac{n\omega_s\tau}{2}}{\frac{n\omega_s\tau}{2}}\right)\mathrm{e}^{-\mathrm{j}n\omega_s t}\tag{4-11}$$

式(4-11)的频域函数为

$$S(\omega)=\int_{-\infty}^{\infty}S(t)\mathrm{e}^{-\mathrm{j}\omega t}\,\mathrm{d}t=\frac{2\pi A\tau}{T_s}\sum_{-\infty}^{\infty}\left(\frac{\sin\frac{n\omega_s\tau}{2}}{\frac{n\omega_s\tau}{2}}\right)\delta(\omega-n\omega_s)\tag{4-12}$$

式(4-8)和式(4-12)两函数的波形分别如图 4.3(c)、(d)所示。

采用脉宽为 τ 的周期脉冲序列 $s(t)$ 作为抽样函数时，抽样以后输出信号的时域函数为

$$f_s(t)=f(t)\cdot s(t)$$

频谱函数为

$$F_s(\omega)=\frac{A\tau}{T_s}\sum_{n=-\infty}^{\infty}\left[\frac{\sin\frac{n\omega_s\tau}{2}}{\frac{n\omega_s\tau}{2}}\right]\cdot F(\omega-n\omega_s)\tag{4-13}$$

式中，当 $n=0$ 时，

$$\lim_{n\to 0}\left[\frac{\sin\frac{n\omega_s\tau}{2}}{\frac{n\omega_s\tau}{2}}\right]=1$$

$$F_s(\omega)=\frac{A\tau}{T_s}F(\omega)\tag{4-14}$$

即为模拟信号 $f(t)$ 的频谱。

现在，我们可以得出如下结论：在采用脉宽为 τ 的周期脉冲序列抽样的情况下，只要满足抽样定理，便可用低通波滤器从抽样输出信号频谱中恢复出模拟信号，这与理想抽样相同；但也有不同的地方，我们把理想抽样图 4.2 和实际抽样的频谱图 4.3 进行比较可发现不同点。从图 4.3 可以看出，实际抽样输出信号频谱的包络是衰减的，在抽样脉冲宽度的 $2\pi/\tau$ 角频率点(或 $f=1/\tau$ 频率点上)，$|S(\omega)|$ 衰减至零；在 $\omega=0$ 和 $\omega=2\pi/\tau$ 之内，实际

抽样输出信号频谱的高频成分按 $\sin\frac{n\omega_s\tau}{2}\Big/\frac{n\omega_s\tau}{2}$ 函数衰减失真。而理想抽样时，$n\omega_s$ 各次谐波全是等幅的。

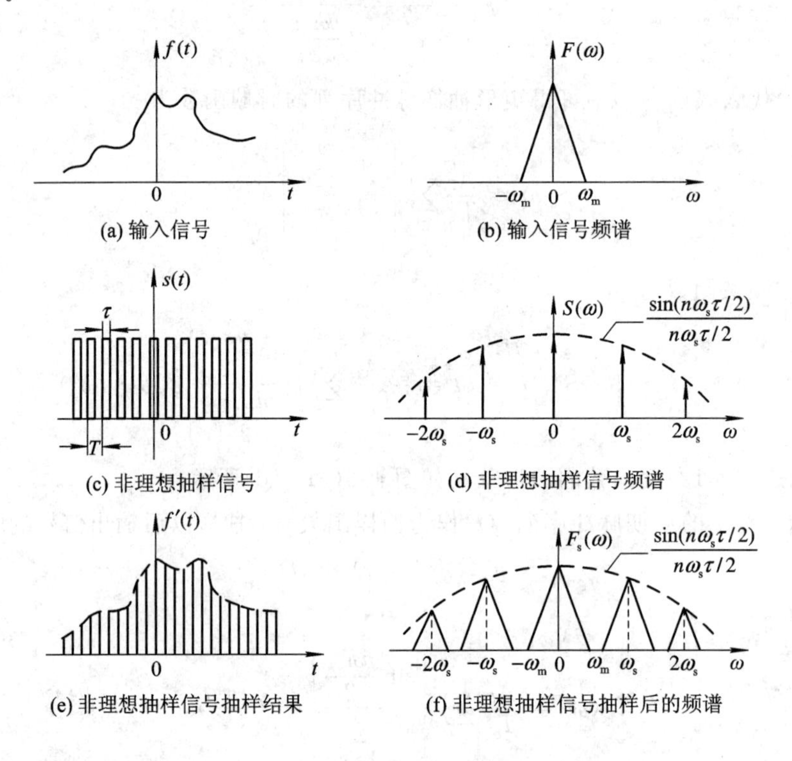

图 4.3　实际抽样脉冲得出的频谱函数

另外，在实际抽样时，由于抽样脉冲有宽度 τ，会造成抽样值的误差，该误差会产生高频失真，接收端即使使用理想低通滤波器也不能无失真地恢复原来的模拟信号。这种高频失真频谱按 $\sin\frac{n\omega_s\tau}{2}\Big/\frac{n\omega_s\tau}{2}$ 衰减。

4.2　视频 A/D、D/A 变换器

4.2.1　视频 A/D 变换器

假设输入信号 $U(t)$ 按四层电平在三个比较器中进行比较，即进行量化，每层电平的量化间距为 ΔA，四层电平用二进制数表示就是 2 bit，即 $2^2=4$。为了达到四层电平，采用图

4.4(a)所示的电路完成量化功能，使用三个(4－1＝3)电压比较器，各比较器的负端分别接入由四只电阻对基准电压(3 V)分压得到的 0.5 V、1.5 V、2.5 V 三个分层电压(即量化判决电平)，比较器正端并行接收输入信号 $U(t)$。这样，当输入信号 $U(t)$进入如表 4.1 所示的电压范围时，相应编号的比较器工作，从而得到对应的量化输出。

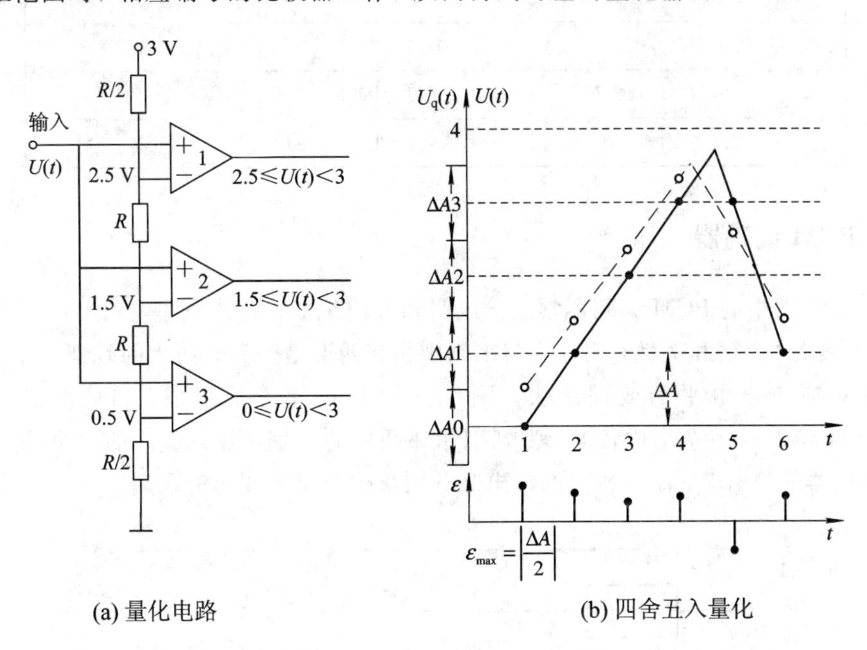

(a) 量化电路　　(b) 四舍五入量化

图 4.4　A/D 中的四舍五入量化

如图 4.4(b)所示，虚线为输入值，实线为量化值，输入信号 $U(t)$的第 1 个样值落在 $0 \leqslant U(t) < 0.5$ V 范围内，未超过 $R/2$ 所分得的第 1 层电压(0.5 V)，所以 3 个比较器都无输出(000)，这表示量化输出 $U_q(t)$为 0 V。在第 2 个样值时，输入已在 0.5 V$\leqslant U(t) <$1.5 V 范围内，这时已超过第 1 层，故只有比较器 3 输出逻辑电平为 1，其他两个输出仍为 0(001)，这表示量化输出 $U_q(t)$为 1 V，依此类推。

其量化误差 $\varepsilon(t)=U(t)-U_q(t)$有正有负，且最大量化误差为

$$\varepsilon_{\max} = \left|\frac{\Delta A}{2}\right|$$

等于量化间距的一半。

四舍五入法量化器电路中上、下端两个电阻阻值为中间电阻值的一半，即 $R/2$。这样，它的量化判决电平便为 0 V、0.5 V、1.5 V、2.5 V 四层，见图 4.4(a)。它们的输入与输出关系见表 4.1。

表 4.1 舍入法量化的输入与输出关系

输入范围 $U(t)$/V	比较器输出 1 2 3	量化后的输出 $U_q(t)$/V
$0 \leqslant U(t) < 0.5$	0 0 0	0
$0.5 \leqslant U(t) < 1.5$	0 0 1	1
$1.5 \leqslant U(t) < 2.5$	0 1 1	2
$2.5 \leqslant U(t) < 3$	1 1 1	3

4.2.2 PCM 编码器

A/D 变换器中的 PCM 编码器常用异或门和或门组成，其特点是，利用量化器各层输出不是“0”就是“1”的相关性，用异或门来判别相邻两层是否有 0 与 1 的差别，将异或门的输出送到对应于该电平的或门中去。图 4.5 是利用此方法组成的 PCM 编码器。设 $n=3$ bit，则有 $2^3-1=7$ 个比较器。为判别相邻两层的差别，各异或门的两个输入分别接到相邻比较器的输出端，而异或门的输出又分别接到对应的或门输入端。

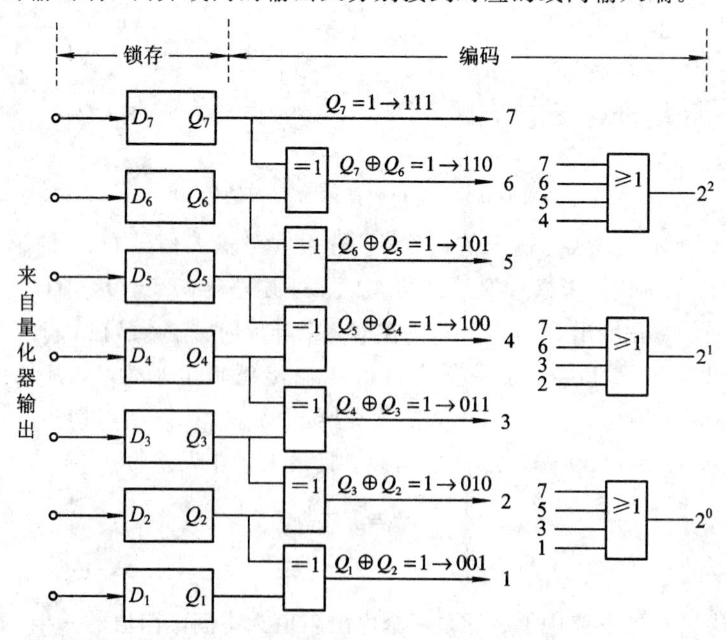

图 4.5 PCM 编码器

例如，当第 5 个比较器输出为 1 时，最高端的比较器即量化器(锁存器输出)自 $Q_7 \rightarrow Q_1$ 的输出状态为 0011111。其中 Q_6 与 Q_5 有差别，利用异或门异为 1、同为 0 的特点，这时异或门 5 输出便为 $Q_5 \oplus Q_6=1$，而其余异或输出均为 0，因为第 5 层 Q_5 量化输出用二进制表示为 101，所以，异或门 5 输出应接到或门 2^2 及 2^0 的输入端。相同地，其余异或门也可按上述方法连接。

为记忆方便，可参考表 4.2，或门 2^0 的输入端可按二进制为“1”的四个端 1、3、5、7 连接，或门 2^1 的输入端可按二进制为“1”的四个端 2、3、6、7 连接，或门 2^2 的输入端可按二进制为“1”的四个端 4、5、6、7 连接。

表 4.2 真 值 表

十进制数	二进制数 2^2 2^1 2^0
0	0 0 0
1	0 0 1
2	0 1 0
3	0 1 1
4	1 0 0
5	1 0 1
6	1 1 0
7	1 1 1

数字电视中的 A/D 变换器一般具有如下特点：

(1) 抽样频率高。如：全信号编码时，$f_s=4f_{sc}$(PAL)，$T_s=56$ ns；分量编码时 $f_s=13.5$ MHz。要在一个 T_s 内完成抽样、量化和编码三个操作，对器件和电路都提出高速要求，因此在广播级中一般采用并型 A/D 变换器。

(2) 量化比特数高。取 $n=8$ bit，即 $M=2^8=256$ 级，若采用并型 A/D 变换器就需要 $2^8-1=255$ 个比较器，如采用并串型 A/D 变换器，则需要 $2\times(2^4-1)=30$ 个比较器。

4.2.3 视频 D/A 变换器

用于高频、高速的 D/A 变换器可分为 R－2R 型 D/A 变换器、加权电流切换型 D/A 变换器和电流相加型 D/A 变换器三种。

R－2*R* 型 D/A 变换器：它由电阻与晶体管构成恒流源，元件特性偏差对精度有影响，位数越高，影响越大，但它所需恒流源个数较少。

加权电流切换型 D/A 变换器：一对电流源与一个开关对应于一位，各电流源的比例必须正确，位数越高，精度要求也越高。

电流相加型 D/A 变换器：各电流的偏差对精度的影响比 R－2R 型 D/A 变换器要小，但要构成一个 n bit 的 D/A 变换器，就要有 2^n-1 个电流开关，所以电路规模较大。

上述三种 D/A 变换器，根据其各自的优、缺点适用于不同的场合。例如：R－2R 型 D/A 变换器在一般的数字化中用得较多；加权电流切换型 D/A 变换器可用于电子束偏转中；电流相加型 D/A 变换器适用于精度要求高的数/模变换中。D/A 转换器的主要特性指标包括分辨率、线性度和转换精度。

下面讨论电流相加型 D/A 变换器。

图 4.6 所示的是电流相加型 D/A 变换器电路。其中，$n=4$ bit，要用 $2^n-1=2^4-1=15$ 个相同的恒流源，任一恒流源在开关 S(由输入数字信号控制)接通时，便在求和电阻上输出相当于最低一位的电压值 $U_o=IR$，它们的输入与输出关系如表 4.3 所示。可见，当开关全部接通时的输出电压便是各恒流源在电阻上的总压降，即

$$U_o = IR(2^3+2^2+2^1+2^0)$$

写成一般表示式，即为

$$U_o = IR(a_3\cdot 2^3+a_2\cdot 2^2+a_1\cdot 2^1+a_0\cdot 2^0) = IR\sum_{i=0}^{3}a_i\cdot 2^i \qquad (4-15)$$

式中，a_i表示 0 或 1。显然，式(4－15)是一个以二进制数表示的十进制数电压表达式。

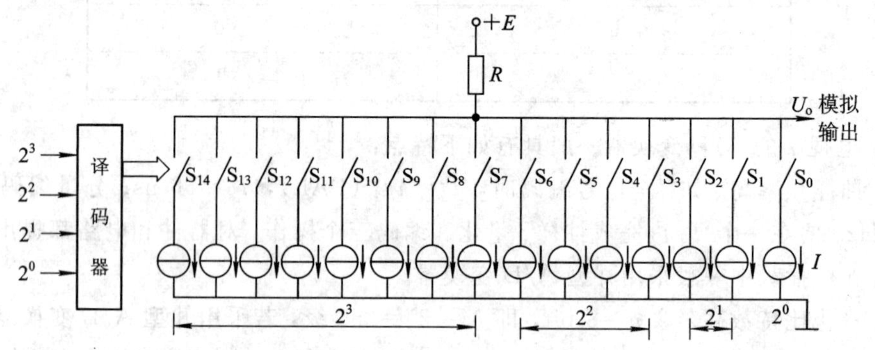

图 4.6　电流相加型 D/A 变换器

表 4.3　电流相加型 D/A 变换器的输入与输出关系

数字输入 U_i	接通的开关及其个数	输出模拟电压 U_o
2^0	S_0，即 1 个	$RI=2^0\cdot IR$
2^1	S_1 与 S_2，即 2 个	$2RI=2^1\cdot IR$
2^2	$S_3\sim S_6$，即 4 个	$4RI=2^2\cdot IR$
2^3	$S_7\sim S_{14}$，即 8 个	$8RI=2^3\cdot IR$

例如：设输入为 0011，即 $a_3=a_2=0$，$a_1=a_0=1$，代入式(4-15)，得 $U_o=3IR$，即译码器输出使 S_0、S_1、S_2 三只开关接通。

在电流相加型 D/A 变换器中，低位接通的恒流源个数少，高位接通的恒流源个数多，每一位接通的恒流源为 2^n 个，位数越高，恒流源个数越多。

4.2.4　并串型 A/D 变换器

在并型 A/D 变换器中为了获得 8 bit 量化输出，需要 $2^8-1=255$ 个比较器，如果再增加一位，就要再增加 255 个比较器。一个 10 位并型 A/D 变换器约有 4 万个元件，要制作这种 A/D 变换器就需要用到超大规模集成电路的微电子技术，因此，它除了可满足广播电视 A/D 变换器所要求的高速以及高精度之外，在加工技术、难易程度以及价格方面都是一个不够理想的方案。

视频 A/D 变换器中可采用另一种方案——并串型 A/D 变换器。它既保证了工作速度又大大减少了比较器的个数。下面结合实例介绍并串型 A/D 变换器的工作原理。

图 4.7 所示的是并串型 A/D 变换器的原理框架图。它由两个位数较少的($n=4$ bit)并型 A/D 变换器串联而成，结果是输出 $n=8$ bit 的数字信号。

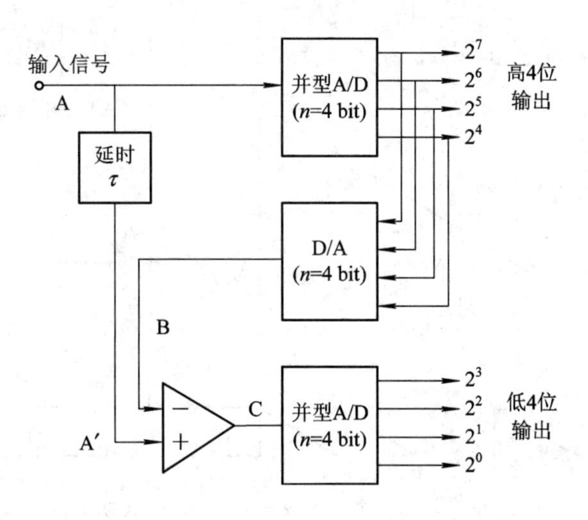

图 4.7　并串型 A/D 变换器总框图

下面结合图 4.8 所示的波形进行分析：

(1) 输入视频信号 A，一路到并型 A/D 变换器进行脉码调制(PCM)，输出为高 4 位的数字信号，并加以锁存，另一路经延时电路，延时时间为 τ(见 A′波形)。

(2) 并型 A/D 变换器输出后再用 $n=4$ bit 的 D/A 变换器复原成高 4 位量化过的模拟

信号，波形如图 4.8 中 B 实线所示(经过 A/D 与 D/A 变换后，B 相对 A 又延迟了一个 τ 的时间)。

(3) 将 D/A 变换后输出的 B 与时间上已对准的 A′两个模拟信号在减法放大器中相减，便得到 C 信号。

(4) C 信号再经过并型 A/D 变换器进行脉码调制，输出为低 4 位的数字信号。

(5) 锁存的高 4 位数字信号再与低 4 位数字信号合并，最后输出 8 位并行数据。

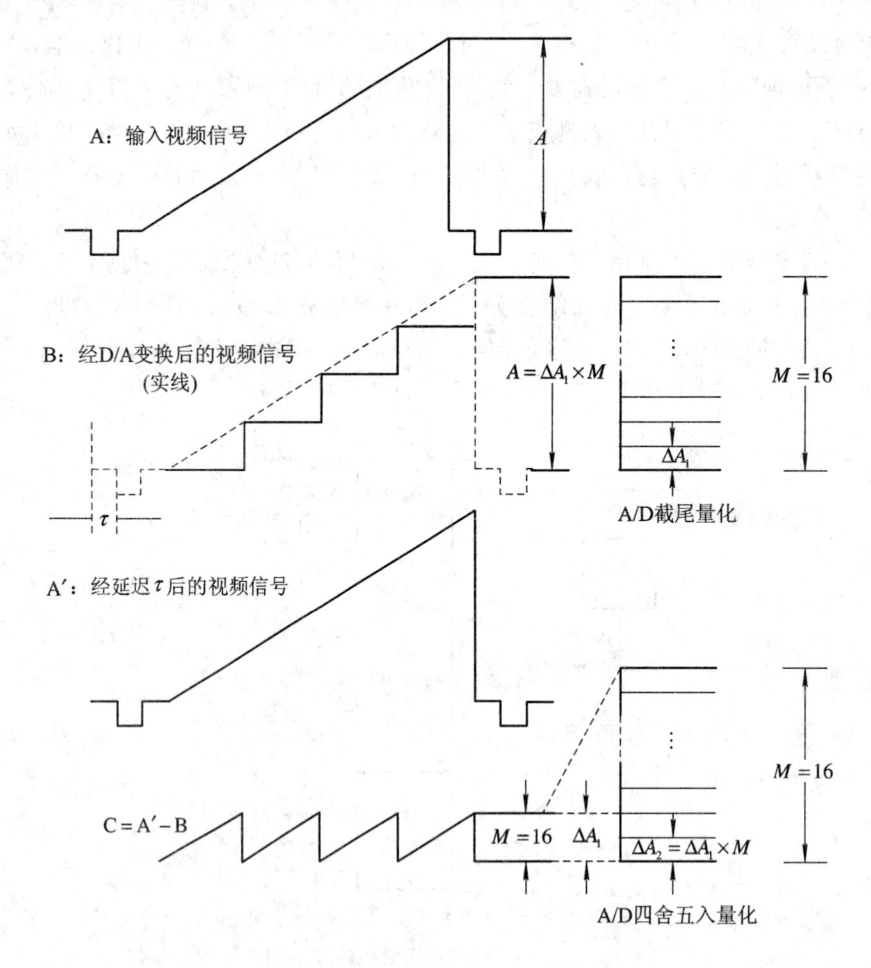

图 4.8　并串型 A/D 变换器波形图

这里需要说明几点：

(1) 4 位 A/D 的输入 C 是 A/D 粗量化后余下的量化误差(即 A′−B)，其最大幅度是 A/D 的一个量化间隔 ΔA_1，因此，为了达到 8 bit 的精度，还必须对 C 进行 4 bit 的量化，所以，A/D 的量化间距应是 $\Delta A_2=\frac{\Delta A_1}{16}$。

(2) 由于 A/D 进行细量化，因此 4 bit D/A 实际上要有 8 bit 的精度。为了保证 8 bit 精度，模拟减法器的稳定性、幅度偏差等都会造成输出数据的误差。这是并串型 A/D 中一个严重的缺点。

(3) 8 位并串型 A/D 可以用两个 4 位(或一个 2 位、另一个 6 位等)并型 A/D 串接而成，所以其所需比较器为 $(2^4-1)\times 2=30$(个)。

(4) 图 4.8 中将 A 信号延时 τ 得到 A′信号。可以用模拟延迟线，也可以使抽样脉冲延迟 τ 以后，重抽样得到信号 A′。

(5) 为了进一步减少比较器的个数，可采用三级并型 A/D 串联，不过精度更难以保证，故一般不用。

(6) 并串型 A/D 需要一个抽样保持电路(图 4.8 中未画出)，以便使 A′保持到 B 到来为止，否则就不可能相减。

4.3　PAL 信号亮、色数字分离原理

对模拟 PAL 彩色电视信号进行数字化处理时，必须先将模拟 PAL 复合信号经 A/D 变换后，用数字方法分离出亮度信号 Y 和色度信号 C，然后再从色度信号 C 中分离出两个色差信号 U 和 V。PAL 信号亮、色数字分离方框图如图 4.9 所示。

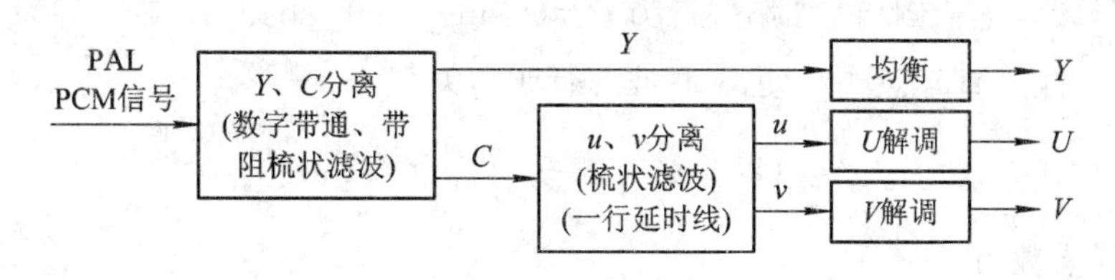

图 4.9　PAL 信号亮、色数字分离方框图

亮、色数字分离有如下优点：

(1) 能彻底地进行亮、色分离，从而解决了模拟电视接收机因色串亮造成的大面积干扰光点和亮串色造成的彩色干扰花纹。

(2) 消除了模拟解码因色度高频段存在 U、V 混叠而造成的彩色边缘蠕动，也降低了模拟梳状滤波器因相位延迟误差而引起的大面积蠕动。

(3) 可消除模拟滤波器非线性相位所造成的亮、色镶边，并提高了彩色质量。

(4) 色度带宽便于自适应控制，从而可在不同的接收环境下具有较好的图像质量。

4.3.1　亮、色数字分离电路

采用 2 个像素延时的亮、色分离电路如图 4.10 所示。

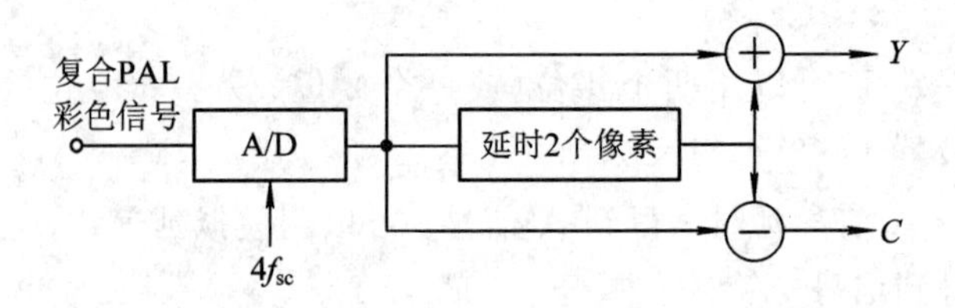

图 4.10　采用 2 个像素延时的亮、色分离电路

复合 PAL 彩色信号经 A/D 变换，抽样频率为 $4f_{sc}$，即一个彩色副载波有 4 个样点，每样值以 8 bit 编码，编码数据经 2 个像素的延时后与未延时的数据通过加法器相加，可得到亮度信号的数据，通过减法器相减可得到色度信号的数据。其原理为：复合 PAL 彩色信号中的色度信号是以正交的形式对彩色副载波 f_{sc}进行调制，然后叠加在亮度信号之上。

色度信号的表达式为

$$C = U\ \sin\omega_{sc}t \pm V\ \cos\omega_{sc}t \tag{4-16}$$

其中

$$V = k_r(R-Y),\quad U = k_b(B-Y)$$

“±”符号表示逐行倒相。如第一行为 $C=U\ \sin\omega_{sc}t+V\ \cos\omega_{sc}t$，第二行为 $C=U\sin\omega_{sc}t-V\cos\omega_{sc}t$。因为 PAL 信号中彩色副载波与行频的关系为

$$f_{sc} = \left(284 - \frac{1}{4} + \frac{1}{625}\right)f_H \approx 283\ \frac{3}{4}f_H$$

所以一行的样点数为

$$\frac{4f_{sc}}{f_H} = \frac{4\times 283\ \frac{3}{4}f_H}{f_H} = 1135$$

可以把两行的样点情况与各样点色差信号的矢量关系用图 4.11 表示。从图 4.11 中可以看出 $u=U\ \sin\omega_{sc}t$ 与 $v=V\ \cos\omega_{sc}t$ 的相位关系和它们的矢量图，还可以看出：当 $Y=S_1+S_3$时，色差信号相位相反而相互抵消，从而得到亮度信号 Y。如果 $C=S_1-S_3$，则亮度信号相互抵消，可得到色差信号。为得到亮度信号 Y 还可以采用$\frac{S_1+S_7}{2}$，但这样效果不好，因为样点相距甚远，相关性差，精度差。

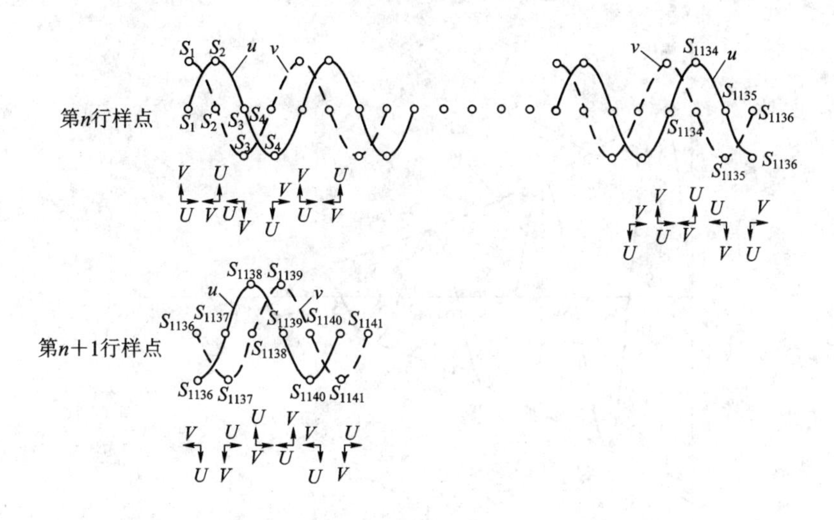

图 4.11　各样点色差信号的矢量关系

4.3.2　色差信号分离

要从色度信号 C 中分离出色差信号 $u=U\ \sin\omega_{sc}t$ 与 $v=V\ \cos\omega_{sc}t$，可采用图 4.12 所示的电路。经亮、色分离以后得到的 C 信号数据经图 4.12 所示电路，便可得到按 u、v、u、v、…次序输出的色差信号数据。例如，$(S_1+S_{1137})/2$ 可以得到 u 信号，而 v 信号相位相反而相互抵消；$(S_2-S_{1138})/2$ 可以得到 v 信号，而 u 信号相位相反而相互抵消，依此类推。

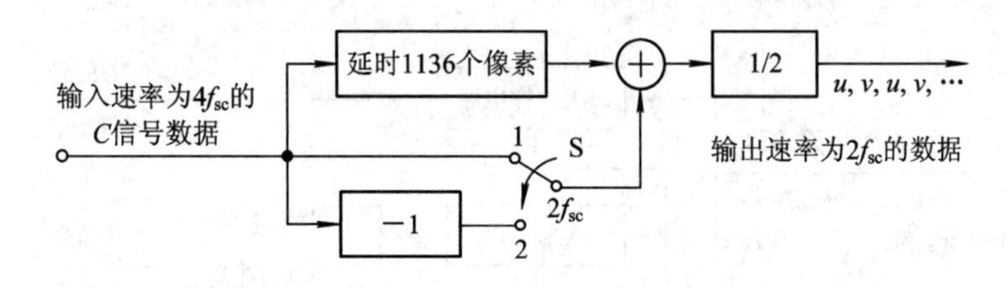

图 4.12　从色度信号 C 中分离出色差信号

由图 4.11 可以看出，S_1 是上一行的第一个样点，S_{1137} 是下一行的第二个样点，S_1 与 S_{1137} 垂直方向靠近，也符合相关性较强的要求。

从 u、v 中解调出 U、V 基带色差信号的方法，可以用二次抽样电路来实现。

图 4.13 给出了从已调的 u 信号中利用二次抽样取出包络 U 信号的过程。图 4.13 中 u 信号表示在 $4f_{sc}$ 抽样时的样点分布，谱线包络即是 U 信号。若对应彩色副载波每个周期 90°的相位，以 f_{sc} 速率进行二次抽样，把其余样点去掉，则可得到 U 信号，电路如图 4.14 所示。图 4.14 中上部分表示取出 U 信号的电路，下部分表示取出 V 信号的电路。

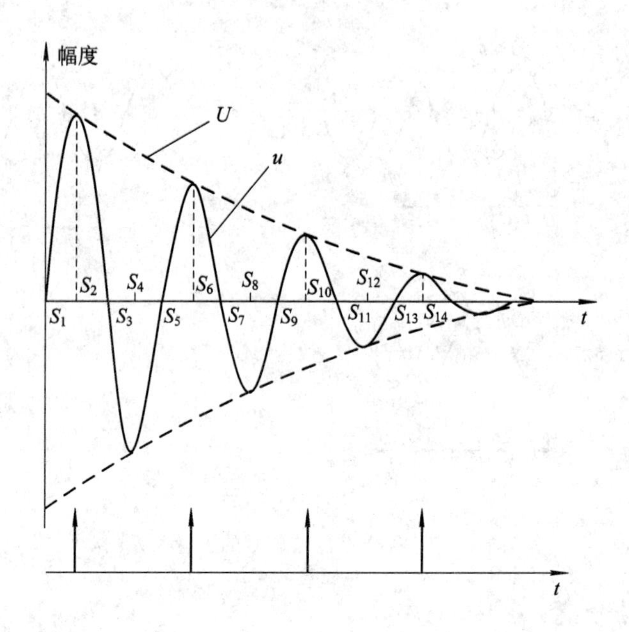

图 4.13 u 信号中利用二次抽样取出包络 U 信号的过程

图 4.14 中，如二次抽样频率为 f_{sc}，对 u 信号数据进行抽样，并且抽样点的相位对应着 S_2、S_6、S_{10}、S_{14} 时，所得到的数据就是 $U=k_b(B-Y)$ 的数据。采用同样的方法，将二次抽样信号相位与上述错开 $\pi/2$ 后，对 v 信号进行二次抽样，就可以得到 $V=k_r(R-Y)$ 的数据。图中 PAL 开关的作用是使逐行倒相的 V 信号恢复成不倒相的 V 信号。

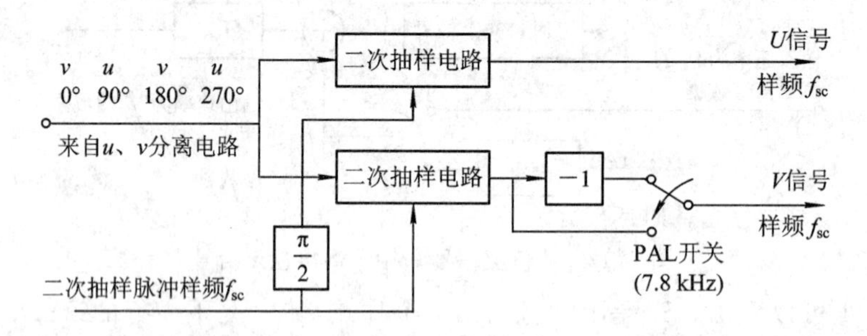

图 4.14 二次抽样取出 U、V 信号的电路

上述的亮、色数字分离电路无相位误差，稳定性高，如在亮、色通道中均采用线性相位的数字滤波器，可改善模拟解码中存在的图像镶边和色拖影现象。但亮、色分离仍是水平方向的一维分离，质量无明显提高；在电视演播室需要进行高质量的数字电视信号处理时，应增加垂直方向(二维)和时间方向(三维)的亮、色梳状数字分离电路。

4.4　图像压缩编码和数字电视的国际标准

4.4.1　图像压缩编码概述

图像压缩就是减少表示数字图像时需要的数据量。

1. 图像压缩的基本原理

图像数据压缩机理主要包括两个方面：

(1) 图像信号中存在大量冗余度可供压缩，并且这种冗余度在解码后还可无失真地恢复。

图像数据的冗余主要表现为：图像中相邻像素间的相关性引起的空间冗余；图像序列中不同帧之间存在相关性引起的时间冗余；不同彩色平面或频谱带的相关性引起的频谱冗余。数据压缩的目的就是通过去除这些数据冗余来减少表示数据所需的比特数。由于图像数据量的庞大，在存储、传输、处理时非常困难，因此图像数据的压缩就显得非常重要。

(2) 利用人的视觉特性，在不被主观视觉察觉的容限内，通过减少表示信号的精度，以一定的客观失真换取数据压缩。

充分利用人的视觉特性，挖掘潜力，是实现码率压缩的第二个途径。人眼对图像的细节分辨率、运动分辨率和对比度分辨率的要求都有一定的限度。图像信号在空间、时间以及在幅度方面进行数字化的精细程度只要达到了这个限度即可，超过是无意义的。对视觉心理学和生理学的研究表明，人眼对图像细节、运动和对比度三方面的分辨能力是互相制约的。观察景物时，并非对这三者同时都具备最高的分辨能力。当人眼对图像的某种分辨率要求很高时，对其他的分辨率则降低了要求。利用这一特点，采用自适应技术，根据图像的每一局部的特点来决定对它的抽样频率和量化的精度，尽量做到与人眼的视觉特性相匹配，在不损伤图像主观质量的条件下压缩码率。

2. 图像压缩基本方法

从整体来看，图像数据压缩分为无损压缩与有损压缩两种。

1) 无损压缩

无损压缩方法仅删除图像数据中的冗余信息，回放压缩文件时，能够准确无误地恢复原始数据，因此无损压缩是可逆的过程。它可分为基于统计概率的方法和基于字典的方法。

基于统计概率的方法是依据信息论中的变长编码定理和信息熵的有关知识，用较短代码代表出现概率大的符号，用较长代码代表出现概率小的符号而实现的数据压缩。统计概率编码方法中最有代表性的是霍夫曼(Huffman)编码方法，它根据概率分布大小进行一一对应地编码。另外，算术编码也是一种利用概率分布特性的编码方法。算术编码是利用字符序列而不是单个字符进行编码，其效率比 Huffman 编码方法高。国际静止图像编码专家组把算术编码列入推荐算法的一部分。在 H.264 标准中，采用了基于上下文自适应二进制算术编码，压缩效率得到了较大的提高。

基于字典的方法的数据压缩有两种：一种是游程编码(Runing Length Coding，RLC)，在 MPEG 标准中使用；另一种是 LZW(Lampel、Ziv、Welch，三个人名)编码。采用 LZW 编码时，可将数据文件生成特定字符序列的表以及它们对应的代码。LZW 编码对二值图像可以得到非常显著的压缩效果，但对灰度图像压缩效果不显著，其压缩比一般在 1∶1.5～1∶3 以内。

2) 有损压缩

所谓有损压缩是利用了人类对图像或声波中的某些频率成分不敏感的特性，允许压缩过程中损失一定的信息；虽然不能完全恢复原始数据，但是所损失的部分对理解原始图像的影响缩小，却换来了大得多的压缩比，因此这种压缩法是不可逆的。

有损压缩的方法有：

(1) 将色彩空间化减为图像中常用的颜色，然后再将所选择的颜色定义在压缩图像头的调色板中，把图像中的每个像素都用调色板中颜色索引表示。这种方法可以与抖动(dithering)一起使用以模糊颜色边界。

(2) 色度抽样，这种方法利用了人眼对于亮度变化的敏感性远大于颜色变化，可以将图像中的颜色信息减少一半甚至更多。

(3) 变换编码，这是最常用的方法。首先使用如离散余弦变换(DCT)或者小波变换这样的傅里叶相关变换，然后进行量化和用熵编码法压缩。

(4) 分形压缩(Fractal compression)。

3. 图像编码压缩比

图像编码压缩比可由下式计算：

$$\text{压缩比} = \frac{\text{未压缩前的总数据}}{\text{压缩后的总数据}} \tag{4-17}$$

由于压缩技术层出不穷，图像编码的压缩比不断提高，它遵循 Musmann 定律。Musmann 定律是以德国著名图像专家 Musmann 教授命名的。2006 年 4 月，Musmann 教授在北京主持了“图像编码的过去与未来”专题讨论会，并首先发言，对图像编码压缩技术的过去几十年工作进行了总结，他认为广播质量的视频编码的压缩比大约每 5 年翻一番。

4.4.2 常用的图像压缩编码方法

1. 熵编码

熵编码(Entropy Coding)是纯粹基于信号统计特性的编码技术，它是一种无损编码，解码后能无失真地恢复原图像。熵编码的基本原理是给出现概率较大的符号一个短码字，而给出现概率较小的符号一个长码字，这样使得最终的平均码长很小。一个精心设计的熵编码器，其输出的平均码长接近信源的信息熵，即码长的下限。

常用的熵编码方法有游程编码(Run Length Coding，RLC)、霍夫曼(Huffman)编码和算术编码三种。

游程编码主要用于量化后出现大量零系数的情形，利用游程来表示连零码，以降低为表示零码所用的数据量。游程编码不但适用于一维字符序列，也适用于二维字符序列。

Huffman 编码是一种不等长最佳编码方法，这里的最佳是指它的平均码长对相同概率分布的信源比其他任何一种有效编码方法都短。Huffman 编码必须知道信源的概率分布，而这一般是无法做到的，通常采用对大量数据进行统计后得到的近似分布来代替。但是不同的图像类型其系数分布总有差异，这将导致实际应用时无法达到最佳性能。通过输入数据序列自适应的匹配信源概率分布的方法，可以较好地改进 Huffman 编码的性能，但这种方法运算复杂且不适合硬件实现。

算术编码是 20 世纪 80 年代发展起来的一种熵编码方法，已渐渐受到人们的注意。它的基本原理是，任何一个数据序列均可表示成 0 和 1 之间的一个间隔，该间隔的位置与输入数据的概率分布有关。可以根据信源的统计特性来设计具体的编码器，也可以针对未知概率的信源设计能够自适应适配其分布的算术编码器，这两种形式的编码器均可以用硬件实现。有关的实验数据表明，在未知信源概率分布的大部分情形下，算术编码要优于 Huffman 编码，因为算术编码无需计算出所有 N 长信源序列的概率分布及编出码表，它可以直接对输入的信源符号序列进行编码输出。

2. 预测编码

预测编码是根据离散信号之间存在着一定关联性的特点，利用前面的一个或多个信号对下一个信号进行预测，然后对实际值和预测值的差(预测误差)进行编码。如果预测比较准确，误差就会很小。在同等精度要求的条件下，就可以用比较少的比特进行编码，达到压缩数据的目的。

预测编码有线性预测和非线性预测两类。线性预测编码又称为差分脉冲编码调制(Differential Pulse Code Modulation，DPCM)。在预测编码时，不直接传送图像样值本身，而是对实际样值与它的一个预测值间的差值进行编码、传送。如果这一差值(预测误差)被量化后再编码，则这种预测编码方式称为 DPCM。如果所用的量化器的量化层数为 2，则称为增量调制(ΔM)，它是 DPCM 的一种特殊形式。DPCM 是预测编码中最重要的一种编码方法。

预测编码又可分为帧内预测编码和帧间预测编码。

帧内预测编码可采用像素预测或像素块预测形式的 DPCM。采用像素预测的优点是算法简单，易于硬件实现；其缺点是对信道噪声及误码很敏感，会产生误码扩散，使图像质量大大下降。同时，帧内 DPCM 的编码压缩比较低，一般要结合其他编码方法。

帧间预测编码(可以多帧)主要利用活动图像序列相邻帧间的相关性，即图像数据的时间冗余来达到压缩的目的，可以获得比帧内预测编码高得多的压缩比。帧间预测编码作为消除图像序列帧间相关性的主要手段之一，在视频图像编码方法中占有重要地位。帧间预测编码一般是针对图像块的预测编码，它采用的技术有帧重复法、阈值法、帧内插法、运动补偿法和自适应交替帧内/帧间编码法等，其中运动补偿预测编码现已被各种视频图像编码标准采用，得到了很好的结果。运动补偿预测编码方法的主要缺点是对图像序列不同的区域，预测性能不一样，特别是在快运动区，预测效率很差。而且为了降低预测算法的运算复杂度和提高预测精度，一般要对图像进行分块后再预测，这势必造成分块边缘的不连续。为改善边缘特性，提出了边缘滤波等技术。

3. 变换编码

变换编码不是直接对空域图像信号进行编码，而是首先将空域图像信号映射变换到另一个正交矢量空间(变换域或频域)，产生一批变换系数，然后对这些变换系数进行编码处理。变换编码是一种间接编码方法，其中关键问题是在时域或空域描述时，数据之间相关性大，数据冗余度大，经过变换在变换域中描述，数据相关性大大减少，数据冗余量减少，参数独立，数据量少，这样再进行量化，编码就能得到较大的压缩比。目前常用的正交变换有傅里叶(Fourier)变换、沃尔什(Walsh)变换、哈尔(Haar)变换、斜(Slant)变换、余弦变换、正弦变换、K-L(Karhunen-Loeve)变换等。变换编码虽然实现时比较复杂，但在分组编码中还是比较简单的，所以在语音和图像信号的压缩中都有应用。国际上已经提出的静止图像压缩和活动图像压缩的标准中都使用了离散余弦变换编码技术。

4. 子带编码

子带编码技术，是将原始信号由时间域转变为频率域，然后将其分割为若干个子频带，并对其分别进行数字编码的技术。它是利用带通滤波器(BPF)组把原始信号分割为若干(例如 m 个)子频带(简称子带)。将各子带通过等效于单边带调幅的调制特性，将各子带搬移到零频率附近，分别经过 BPF(共 m 个)之后，再以规定的速率(奈奎斯特速率)对各子带输出信号进行取样，并对取样数值进行通常的数字编码，其设置 m 路数字编码器。将各路数字编码信号送到多路复用器，最后输出子带编码数据流。

接收端将各子带信号分别送到相应的数字解码电路(共 m 个)进行数字解调，经过诸路低通滤波器(m 路)，并重新解调，可把各子带频域恢复为当初原始信号的分布状态。最后，将各路子带输出信号送到同步相加器，经过相加恢复为原始信号，且恢复的信号与原始信号十分相似。

子带编码是音频压缩方法的一种(其他还有时域编码、变换编码等)。子带编码的算法复杂度较低，这使得 MPC 可以有很快的压缩速度，但也带来了它在低码率下表现不佳的先天缺陷。

5. 小波变换

小波变换是一种新的变换分析方法，它继承和发展了短时傅里叶变换局部化的思想，同时又克服了窗口大小不随频率变化等缺点，成为继 Fourier 变换以来在科学方法上的重大突破。1989 年 S. Mallat 将小波变换用于信号处理，提出了多分辨分析的概念，给出了图像信号分解为不同频率通道的算法，开创了小波变换在图像处理中的应用。借助于小波变换，图像信号可以被分解为许多具有不同空间分辨率、频率特性和方向特性的子图像信号，实现低频长时特征和高频短时特征的同时处理，有效克服了 Fourier 分析在处理非平稳图像信号时的局限性，更适合于人类视觉系统(HVS)特性和图像数据压缩的需要。

研究人员根据图像小波多分辨率分析的特点，结合以往的图像变换方法，提出了有关标量量化、矢量量化、最佳熵编码和最佳小波包编码等许多的小波图像编码方法，在这些编码方法中，或是编码效率方面、或是系统实现复杂度方面，总是不尽如人意。近年来小波图像取得的成功给人印象深刻，主要归功于新的图像小波变换系数的组织和表示方法充分利用了子带间系数的相关性。如 Shapiro 的嵌入式零树小波(EZW)编码，Said 和 Pearlman 的等级树集合分区(SPIHT)编码，使用了普通的树结构和等级树集合分区结构逼近子带间无效小波系数。Servetto 等人的小波数据的形态学表示(MRWD)发现了子带内有效系数的不规则形状簇。Chai 等人的有效连接连通组件分析(SLCCA)扩展了 MRWD，利用了有效系数子带内簇和有效簇的跨尺度相关性。这些方法在编码效率及实现复杂度等综合指标上获得了成功，从而使基于小波变换的图像编码方法在众多图像编码方法中占据了显著地位，并已纳入图像压缩标准 JPEG－2000 当中。

目前小波变换的数学理论和变换编码方法超出了本科生的知识范畴，如果大家有兴趣，可以自己加以研究。

6. 分形编码

分形图像编码是目前研究较为广泛的编码方法之一。分形图像编码的思想最早由 Barnsley 和 Sloan 引入，将原始图像表示为图像空间中一系列压缩映射的吸引子。分形编码是通过去除输入图像不同局部中包含的自相似冗余来达到信息压缩的目的。自然界的形状和各种图形可分为两类：一类是有特征长度的图形；一类是没有特征长度的图形。有特征长度的事物(如房屋、汽车、足球、人的身高等)，其形状可用线段、圆等基本要素去逼近，这些线和面几乎都是光滑的，几乎处处可以求微分；没有特征长度的事物(如海岸线、云等)，如果没有人工参照物，则很难测量其尺度，但仔细观察其局部可以发现许多细节，将细节放大，又发现局部与整体相似。没有特征长度的图形，其重要性质是自相似。

一些学者从方法论的角度出发，视分形为一个过程，是事物从整体向局部转化，认识从宏观向微观深化的过程。基于这种认识，我们就可以从数字化的图像开始，利用诸如色彩分离、边缘检测、频谱分析和纹理变化分析等图像处理技术，把原始图像分割成若干子图像(分形子图)。一个子图可能是族类植物、叶子、云团或栅栏，还可能是更复杂的像素集合，例如对海景可以包括浪花、礁石和薄雾，于是在分形库中寻找这些子图。库中存放的并非是分形图本身(否则将需要天文数字的存储量)，而是存放相对紧凑的称为迭代函数系统(Iterated Function System，IFS)代码的数字集合，这些代码将重现相应的分形图。此外，库的编目系统使看起来相似的图像存放的位置也较近，相邻的代码也对应于相近的分形图。这使得在库内自动搜索能逼近给定目标图像的分形图现实可行。拼贴定理(Collage Theorem)可保证使我们总能找到适宜的 IFS 代码，并给出了寻找的方法。

一旦从库中找到了所有子图及其 IFS 代码，我们就可以丢弃原图而只编码传输或存储其 IFS 代码，从而得到 10 000∶1 (甚至更高)的数据压缩比。这在图像编码领域是一个惊人的成就。

4.4.3 视频压缩编码标准

图像压缩编码标准可分为两大系列：MPEG－X 和 H. 26X。MPEG－X 是由国际标准化组织(ISO)和国际电工委员会(IEC)提出的，H. 26X 是由国际电信联盟 (ITU)标准委员会提出的。到目前为止，由上述两个国际组织制定了 MPEG－1、MPEG－2、MPEG－4(2)以及 MPEG－4 (10)和 H. 261、H. 262、H. 263、H. 263＋、H. 263＋＋、H. 264 等有关视频压缩编码的国际标准。

图 4.15 是视频压缩编码标准的发展历程，其中横虚线以上表示由 ITU 制定的压缩编码标准，横虚线以下表示由 ISO/IEC 制定的标准，压在横虚线上的方框表示由 ISO/IEC

与 ITU 联合制定的压缩编码标准。

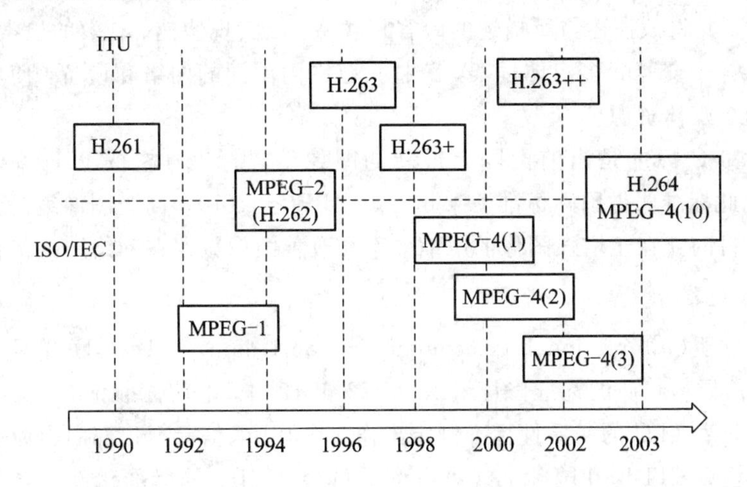

图 4.15 视频标准的发展历程

1. MPEG－X 标准

国际标准化组织(International Organization for Standardization，ISO)是目前世界上最大、最具权威性的国际标准化专门机构。国际电工委员会(International Electrotechnical Commission，IEC)是世界上最早的国际性电工标准化机构。MPEG－1 是由 ISO 和 IEC 共同委员会中的 MPEG 组织于 1992 年制定的。它最初用于数字信息存储体上活动图像及其伴音的编码，其数码率为 1.5 Mb/s，图像采用 CIF(Common Intermediate Format)格式(352×288 像素或 352×240 像素)，每秒 30 帧，两路立体声伴音的质量接近 CD 音质，该标准广泛应用于 VCD。MPEG－2 是由 ISO 的活动图像专家组和 ITU 的第 15 研究组于 1994 年共同制定的，在 ITU 的标准中，被称为 H.262。

MPEG－2 作为计算机可处理的数据格式，主要应用于数字存储媒体、视频广播和通信领域，它的数码率为 2～40 Mb/s。随着用户对音频和视频等宽带业务的需求和宽带网络的迅速发展，MPEG－2 的视频流逐渐被用户接受，VOD(Video on Demand，视频点播)视频流典型速率将达到 3～6 Mb/s。另外，HDTV (High Definition Television ，高清晰度电视)的出现，是视频业务发展的另一个高级阶段。MPEG 组织于 1999 年 1 月正式公布了 MPEG－4(1)版本，1999 年 12 月又公布了 MPEG－4(2)版本。MPEG 组织的初衷是制定一个针对视频会议、视频电话的超低比特率(64 kb/s 以下)编码的标准，并打算采用第二代压缩编码算法，以支持甚低数码率 (Very Low Bit Rate)的应用。

但在制定过程中，MPEG 组织深深感到人们对多媒体信息特别是对视频信息的需求由播放型转向了基于内容的访问、检索和操作，所以修改了计划，制定了现在的 MPEG－4。

MPEG－7 和 MPEG－21 不是针对视频压缩的标准。MPEG－7 旨在解决对多媒体信息描述的标准问题，并将该描述与所描述的内容相联系，以实现快速、有效的检索。MPEG－21 的目标是定义一个交互式多媒体框架，跨越大范围内不同的网络和设备，使用户能够透明而广泛地使用多媒体资源。

H.264 /AVC 标准是当前国际上最新的图像编码标准。它被 ITU 命名为 H.264，ISO/IEC 则把此标准叫做国际标准 14496－10(MPEG－4(10))高级图像编码(AVC)。制定此标准的主要目的就在于增强图像的压缩效率和改善图像数据在网络中的传输。

2. H.26X 标准

国际电信联盟(International Telecommunication Union，ITU)是联合国的一个专门机构，是国际电信界最权威的标准修订组织。1972 年 12 月，电信标准化部、无线电通信部和电信发展部承担着 ITU 的实质性标准制定工作。其中，电信标准化部门由原来的国际电报电话咨询委员会(CCITT)和国际无线电咨询委员会(CCIR)的标准化部门合并而成，其主要职责是实现国际电信联盟有关电信标准化的目标，使全世界的电信标准化。H.261 是国际电报电话咨询委员会(CCITT)制定的第一个视频编码标准，它的数码率是 P×64 kb/s，主要应用于 ISDN (Integrated Services Digital Network)、ATM(Asynchronous Transfer Mode)等宽带信道上实时地传输声音和图像信息，不适合在 PSTN(Public Switched Telephone Network) 和移动通信网等带宽有限的网络上应用。

H.262 也相当于 MPEG－2，它是由 ITU 与 ISO/IEC 联合开发的，目前这个标准已经成功地应用在 DVD(数字化视频光盘)、数字广播、数字电视等诸多领域。为了满足低速率视频通信的应用需要，ITU 又推出了适于在速率低于 64 kb/s 的信道上传输的 H.263 视频编码标准。H.263 算法所用的基本结构来自 H.261，并在 H.261 的基础上做了许多重要改进。1998 年，ITU 推出的 H.263＋是 H.263 的第二版，它在前一版的基础上提供了 12 个新的可选模式和其他特征，进一步提高了压缩编码性能。ITU 在对 H.263 标准进行不断的改进和完善的过程中制定了近期目标和远期目标。近期目标是 H.263＋＋(H.263 第三版，2000 年制定)，而远期目标就是于 1998 年开始制定的 H.26L 标准。

2001 年，ISO 的活动图像专家组(MPEG)和 ITU 的视频编码专家组(VCEG)组成联合视频专家组(JVT)共同推进视频压缩技术的发展，在 2001 年 9 月 JVT 的第一次会议上制定了以 H.26L 为基础的 H.264 标准草案和测试模型 TML－9 (Test Model Long Team Number 9)。2003 年 3 月，JVT 形成了最终标准草案，分别提交 ITU 和 ISO/IEC，其中该标准在 ITU 标准中被称为 H.264，在 ISO/IEC 标准中被称为 MPEG－4 的第 10 部分——先进视频编码(AVC)。

4.5　新一代图像压缩编码

4.5.1　模型基编码

在可视通信(可视电话、会议电视)中，由于景物中的主要对象是人物的头肩部分，因而可以利用计算机视觉和计算机图形学的方法，在发送端和接收端按事先约定分别设置两个相同的人脸三维模型，发送端综合利用图像分析、图像处理、模式识别、纹理分析等手段分析、提取脸部特征(例如形状参数、运动参数、表情参数等)并编码传输，而接收端则利用接收到的特征参数根据建立的模型进行脸部图像综合。这类所谓的现代图像编码技术与传统的波形编码不同，它充分利用了图像中景物的内容和知识，因而已经能实现高达104：1～105：1 的图像压缩比，恢复后的图像序列类似于动画，只有几何失真而无一般压缩方法中出现的颗粒量化噪声，图像质量大为提高，因此近年来颇受人们关注。但不同的学者因方法不同而采用不同的术语，例如，基于模型的(model-based，或模型基)、基于知识的(knowledge-based，或知识基)、基于本原的(primitive-based，或本原基)、适应对象的(object-oriented)以及基于表面描述的(surface description-based)等(以下统一采用模型基的名称)。

模型基图像编码首先由瑞典的 Forchheimer 等人于 1983 年提出，随后日本的 Harashima 等人也展示其研究成果，并出现了模型基图像编码研究的热潮。经过十几年的努力，已出现许多技术方案。这些方案可以粗略地分为两类：第一类是基于限定景物的模型基图像编码，景物里的物体三维模型为严格已知；第二类是针对未知物体的模型基图像编码，需要实时构造物体的模型(没有先验知识的)。第一类称为“语义基”(semantic-based)图像编码，第二类称为“物体基”(object-based 或 object-oriented) 图像编码。这两类方法各有优、缺点。语义基方法可以有效地利用景物中已知物体的知识，以实现非常高的压缩比，但它仅能处理已知物体，并需要较复杂的图像分析与识别技术。物体基方法可以处理更一般的对象，已知的或未知的，因无需模式识别与先验知识，对于图像分析要简单得多，可不受可视电话中头肩图像的限制，因而预期有更广泛的应用前景。但因物体基图像编码未能充分利用景物的知识，或只能在低层次上运用物体知识，编码效率无法同语义基方法相比拟。因此，应根据实际需要来决定具体选用哪一类方法。

4.5.2　神经网络用于图像编码

1. 神经网络概述

人工神经网络是一种应用类似于大脑神经突触连接的结构进行信息处理的数学模型。

神经网络是一种运算模型，由大量的节点(或称神经元)之间相互连接构成。每个节点代表一种特定的输出函数，称为激励函数。每两个节点间的连接都代表一个对于通过该连接信号的加权值，称之为权重，这相当于人工神经网络的记忆。网络的输出则依照网络的连接方式、权重值和激励函数的不同而不同。而网络自身通常都是对自然界某种算法或者函数的逼近，也可能是对一种逻辑策略的表达。

2. 神经网络用于图像压缩概述

从计算方式的角度看，人工信息处理系统可分为两类：(1) 序列计算方式；(2) 并行处理方式。对人工神经网络的研究表明其特别适应于并行处理，而在哺乳动物的视觉系统中，视觉信息是以大量平行的内部相关的网络来处理。这种并行结构即从视网膜到视皮层的高度有序的结构是很明显的，正是人工神经网络可以发挥其优点的地方。

近来人们将神经网络用于图像压缩，取得了较好的效果。对于预测编码、变换编码、向量量化这三种主要的编码方法，使用人工神经网络比序列计算方式具有更大的优越性。这主要表现在：(1) 网络的权是由训练产生的，可以通过在处理新数据过程中继续训练，使它适应新数据的变化；(2) 数据是单独地被训练，不需要过量储存全部训练集，这在处理极大量数据如图像时尤其重要；(3) 人工神经网络的高度连接可使神经网络自我组织；(4) 神经网络与神经生物系统之间的相似性使人工神经网络更接近人类视觉信息的处理方式。

习 题

4-1 分别求出视频信号量化比特数为 7 bit、8 bit、9 bit 时的量化信噪比。

4-2 分别求出音频信号量化比特数为 14 bit、15 bit、16 bit 时的量化信噪比。

4-3 当 $n=8$ bit 时，并型、并串型 A/D 变换器中比较器的个数分别为多少？为什么？

4-4 解释图 4.7 所示并串型 A/D 变换器(8 bit)的工作原理。

4-5 固定抽样结构分哪几种？如何实现？

4-6 解释采用两个像素延时方法对 PAL 制电视信号进行亮、色分离的原理。

4-7 利用所学知识，画出 NTSC 制彩色电视信号亮、色分离的电路框图。

4-8 设计一个 $n=3$ bit 的并行 A/D 变换器和 PCM 编码器，画出整体电路及真值表。

4-9 简述图像压缩的基本原理和基本方法。

4-10 图像压缩编码标准有哪两大系列？

第 5 章　数字电视的调制与解调

数字电视信号信息量很大，要将如此大量的信息传送至用户家中，如何进行传输是其中一个关键环节，因此在数字电视信号传输时，为提高频谱利用率，必须进行数字调制。

5.1　数字电视调制概述

数字调制中通常采用正弦波作为载波信号。由于正弦信号有幅度、频率和相位三种基本参量，因此可以构成幅度键控（ASK）、移频键控（FSK）和移相键控（PSK）三种基本调制方式，如图 5.1 所示。

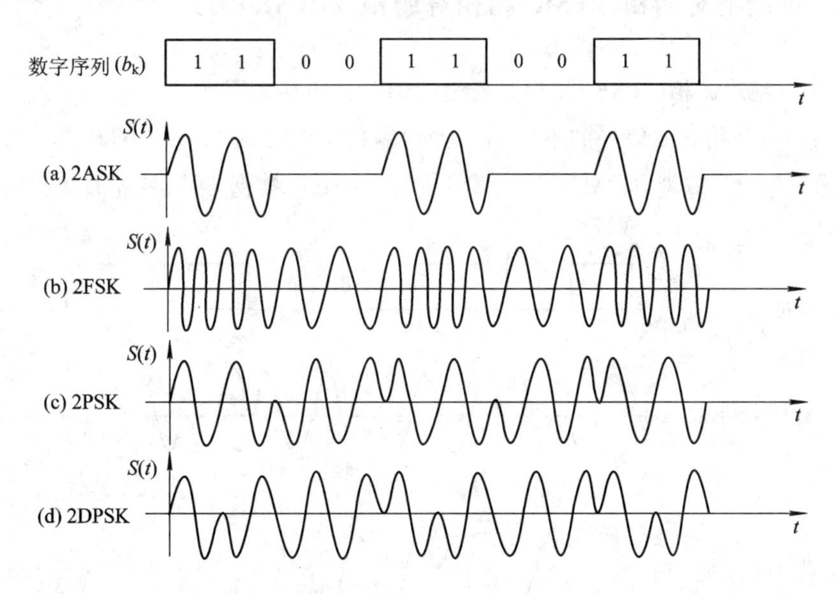

图 5.1　二进制基带信号的调制波形

ATSC、DVB、ISDB 中，信道编码方案大体相似，但在调制方式上仍有不同选择。而且，不同的传输方式(卫星、地面广播、有线)采用不同的调制方式。数字电视卫星传输时，世界上三大数字电视传输标准传输的距离较远，要求采用抗干扰能力较强的调制方法，一般采用四相移相键控调制；数字电视有线传输时，采用光纤或同轴电缆作为传输媒介，传输条件较好，干扰较弱，一般采用多电平正交幅度调制(Multilevel Quadrature Amplitude Modulation，MQAM)方式；数字电视地面广播时，要考虑室内接收和移动接收情况，室内电磁波受到严重的屏蔽衰减、墙壁之间的反射，以及天电干扰、电火花干扰，移动接收时受多普勒效应影响和信号的多径反射等，均要求采用抗干扰能力极强的调制方式。欧洲采用编码正交频分多路调制(Code Orthogonal Frequency Division Multiplexing，COFDM)方式，这种方式的抗干扰能力极强，它可满足移动接收的条件。美国采用多电平残留边带调制(Multilevel Vestigial Side Band，M－VSB)方式 。

5.2　PSK 调制方式

在数字电视卫星传输系统中，一般采用 QPSK 调制方式。这里介绍二进制移相键控(BPSK)、四相移相键控(QPSK)的调制原理及它们的几种改进形式。

5.2.1　二进制绝对调相(2PSK)和相对调相(2DPSK)方式

1. 二进制绝对调相(2PSK)和相对调相(2DPSK)的基本原理

绝对调相是利用载波信号的不同相位去传输数字信号的“1”和“0”码的，二进制绝对调相的变换规则是：数据“1”对应于已调信号的 0°相位，数据“0”对应于已调信号的 180°相位，如图 5.2(b) 所示；或反之。

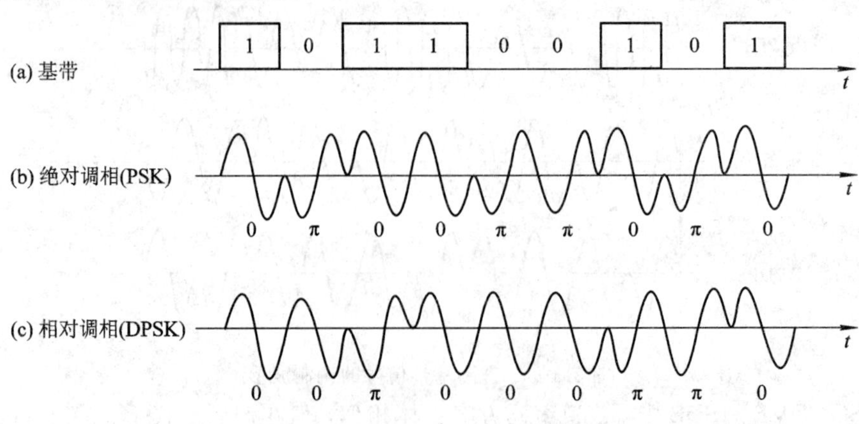

图 5.2　2PSK 与 2DPSK 的调相波形

相对调相是利用载波信号相位的相对关系表示数字信号的“1”和“0”码的，其变换规则是：数据“1”使已调信号的相位变化 180°相位，数据“0”使已调信号的相位变化 0°相位，如图 5.2(c)所示；或反之。图中的 0°和 180°的变化是相对于已调信号的前一码元的相位，或者说，这里的变化是以已调信号的前一码元相位作参考相位的。

2. 2PSK 信号、2DPSK 信号的产生与解调

2PSK 信号的产生方法有直接调相法和相位选择法两种，如图 5.3 所示。直接调相法采用环型调制器产生调制信号；相位选择法的基带信号“1”码控制(选择)0°相位载波信号输出，“0”码控制 π 相位载波信号输出，从而获得了绝对移相的已调信号。

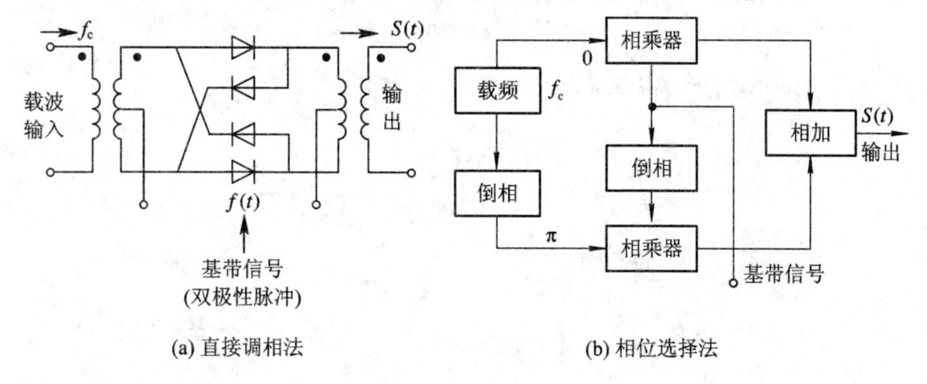

图 5.3　二进制绝对调相信号的产生电路

2PSK 信号的解调用相干检测法，又称为极性比较法，其电路原理方框图如图 5.4(a)所示。

先将调相信号 $S(t)$经全波整流后，通过窄带滤波器(中心频率为 $2f_c$)将整流后得到的二次谐波成分($2f_c$)滤出。然后对 $2f_c$信号限幅、二分频，二分频器输出的就是提取出来的相干载波，其形状为方波，此为载波提取过程。2PSK 已调波 $S(t)$与相干载波通过相乘器进行极性比较(即解调)，解调获得输出信号，如图 5.4(b)所示，极性相同，输出为正，极性相反，输出为负，如图中①、⑤和⑥的波形。乘法器输出信号经低通滤波和判决后，即可得到基带信号，如图中⑦的波形。

2PSK 信号的解调存在一个问题，即二分频电路输出存在相位不定性或称相位模糊的问题(相位可能为 0°，也有可能为 180°)。当二分频电路输出的相位不定时，相干解调输出的基带信号就会存在 0 或 1 倒相现象。解决这一问题的方法就是采用相对调相，即 2DPSK 方式。

2DPSK 信号与 2PSK 信号之间存在着内在的联系。只要将输入的基带数据序列变换成相对序列，即差分码序列，然后用相对序列去进行绝对调相，便可得到 2DPSK 信号，如图 5.5(a)所示。

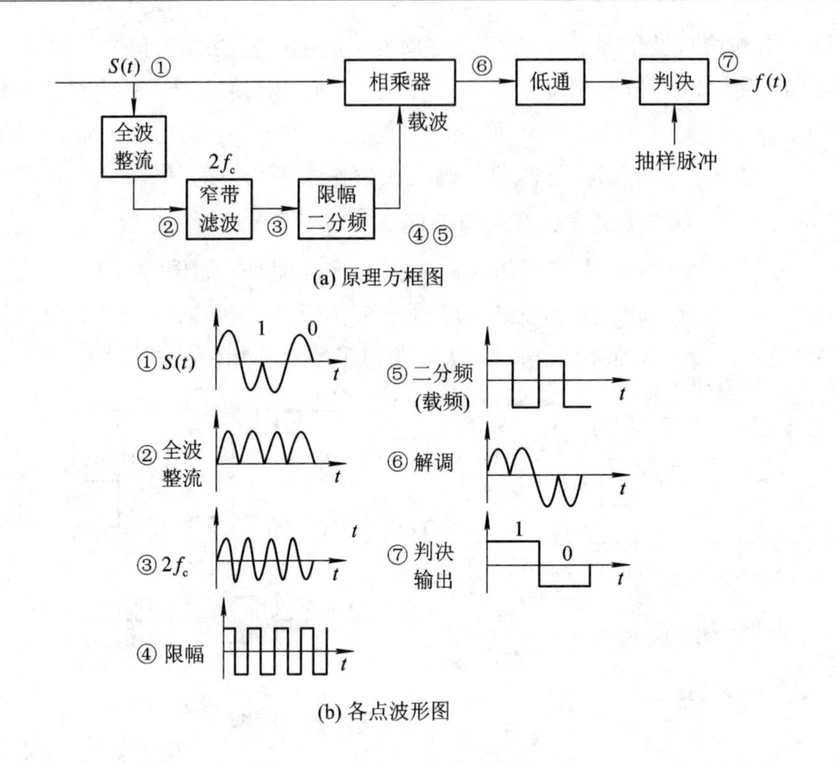

(a) 原理方框图

(b) 各点波形图

图 5.4　二相绝对调相信号的解调

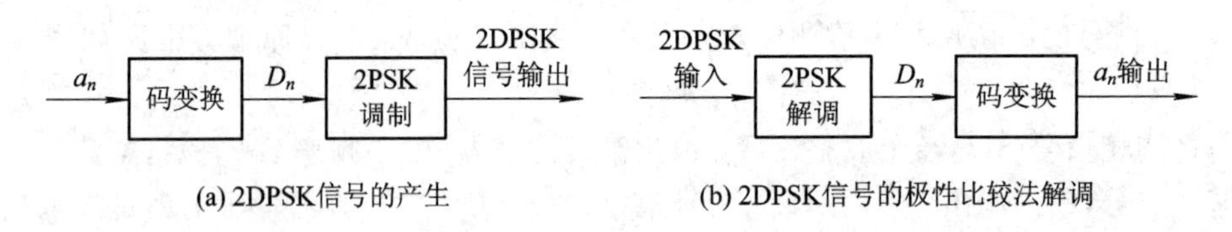

(a) 2DPSK信号的产生　　(b) 2DPSK信号的极性比较法解调

图 5.5　2DPSK 信号的产生与解调

设 a_n、D_n分别表示绝对码序列和差分码序列，其关系如式(5－1)所示。

$$D_n = a_n \oplus D_{n-1} \tag{5-1}$$

2DPSK 的解调方法见图 5.5(b)，原理不再赘述。2DPSK 还有一种解调方式为相位比较法，它是一种非相干解调方式。

5.2.2　多相调制

上面讨论的二相调制是用载波的两种相位(0，π)去传输二进制的数字信息“1”、“0”，如图 5.6(a)所示。在现代数字电视系统中，为了提高信息传输速率，往往利用载波的一种相位去携带一组二进制信息码，如图 5.6(b)、(c)所示。

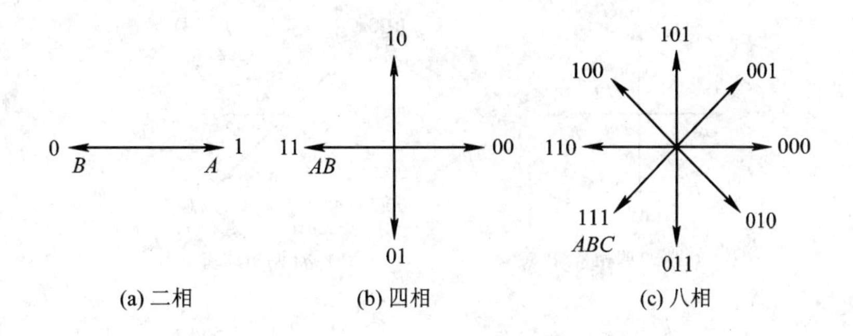

(a) 二相　(b) 四相　(c) 八相

图 5.6　多相调相的相位矢量图

四相调制既可以表示为 QPSK，也可以表示为 4PSK，它是用载波的四种不同相位与两位二进制信息码(AB)的组合(00，01，11，10)对应来表征传送的数据信息。在 QPSK 调制中，首先对输入的二进制数据按两位数字编成一组，构成双比特码元。其组合共有 2^2 种，即有 2^2 种不同状态，故可以用 $M=2^2$ 种不同相位或相位差来表示。若在载波的一个周期 2π 内均匀地分成四种相位，可有两种方式，即$\left(0，\frac{\pi}{2}，\frac{3\pi}{2}，2\pi\right)$和$\left(\frac{\pi}{4}，\frac{3\pi}{4}，\frac{5\pi}{4}，\frac{7\pi}{4}\right)$。故四相调相电路与这两种方式对应，就有$\frac{\pi}{2}$调相系统和$\frac{\pi}{4}$调相系统之分。同样，若采用八相调制方式，在一个码元时间内可传送 3 位码，其信息传输速率是二相调制方式的 3 倍。由此可见，采用多相调制的级数愈多，系统的传输速率愈高，但相邻载波之间的相位差愈小，接收时要区分它们的困难程度就愈大，将使误码率增加。所以目前在多相调相方式中，通常采用四相制和八相制。

四相调相已调波在两种调相系统中的矢量图分别如图 5.7(a)、(b)所示。图 5.7(c)、(d)所示的是两种调相系统已调波起始调相角对应的相位起始点位置的示意图。从图 5.7(a)、(b)可以看出，相邻已调波矢量对应的双比特码之间，只有一位不同。双比特的这种码排列关系叫循环码（也叫格雷码）。在多相调制信号进行解调时，这种码型有利于减少相邻相位误判而造成的误码，可提高数字信号频带传输的可靠性。

四相调制也有绝对调相和相对调相两种方式，分别记作 4PSK 和 4DPSK。绝对调相的载波起始相位与双比特码之间有一种固定的对应关系，但相对调相的载波起始相位与双比特码之间就没有固定的对应关系，它是以前一时刻双比特码对应的相对调相的载波相位为参考而确定的，其关系式为

$$\varphi_K = \varphi_{K-1} + \Delta\varphi_K \tag{5-2}$$

其中，φ_K 为本时刻相对调相已调波起始相位；φ_{K-1} 为前一时刻相对调相已调波起始相位；$\Delta\varphi_K$ 为本时刻相对前一时刻已调波的相位变化量。

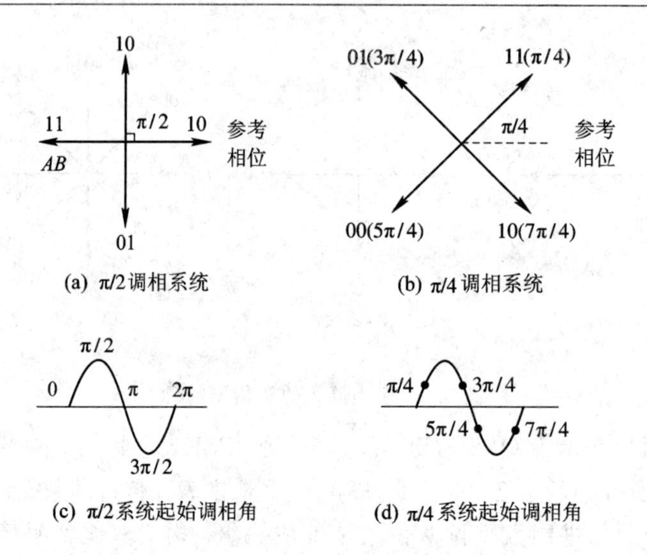

图 5.7 两种调相系统的相位矢量图和起始相角

四相调制产生 QPSK 信号的电路很多，常见的有正交调制法和相位选择法。其中正交调制法使用得最为普遍，图 5.8(a)所示的就是用这种方法产生 4PSK 信号的原理图。用两位二进制信息码(AB)的组合来产生 4PSK 信号，一个 4PSK 信号可以看做两种正交的 2PSK 信号的合成，可用串/并变换电路将输入的二进制序列依次分为两个并行的序列。

由于四相绝对移相可以看做是两个正交的 2PSK 信号的合成，故 QPSK 信号可用两路相干解调器分别进行解调，因此图 5.8(b)中上、下两个支路分别是 2PSK 信号解调器，它们分别用来检测双比特码元中的 A 和 B 码元，然后通过并/串变换电路还原为串行数据信息。

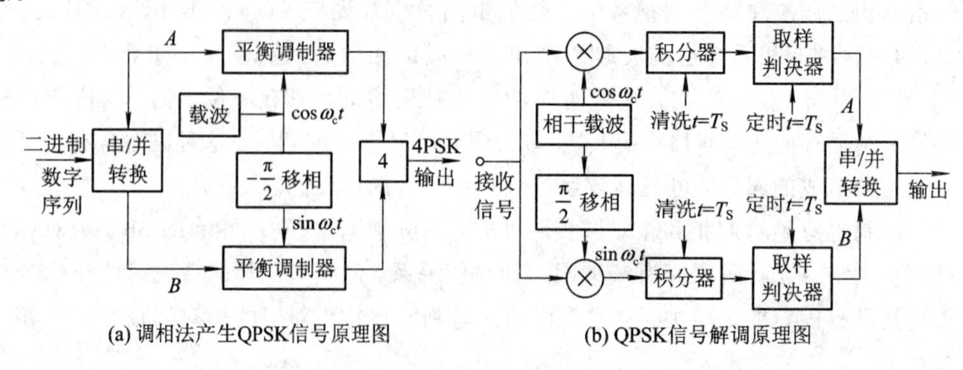

图 5.8 QPSK 信号的产生与解调原理图

AB 二码元的组合有 00、01、11 和 10 四种。序列由 00 到 01，然后到 11，再到 10，最后回到 00，其相位路径是沿正方形边界变化。只有两个码同时出现改变时，相位路径将沿对角线变化，即过原点，如图 5.9 所示。

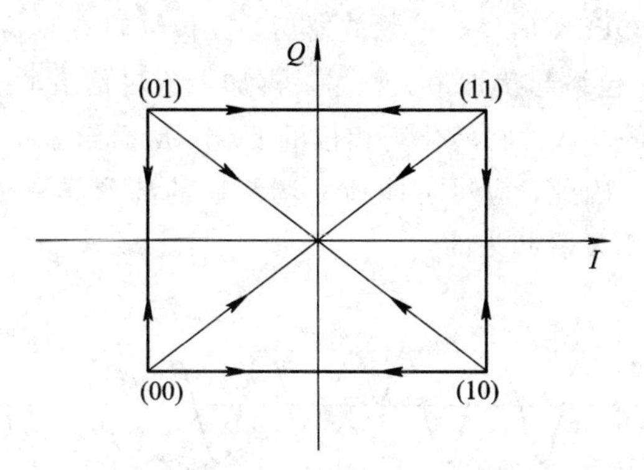

图 5.9　QPSK 信号的相位路径图

在调相系统中，通常是不采用绝对调相方式的。这是因为在性能较好的调相系统中，都使用相干解调方式，为了克服相干载波的倒 π 现象可能造成的严重误码，实际的四相调相系统都采用相对调相方式，即 4DPSK。

四相相对调相可采用类似两相调相系统码变换的方法。在图 5.8(a)给出的 4PSK 信号产生的原理图的串/并变换之前加入一个码变换器，即把输入数据序列变换为差分码序列，就为 4DPSK 信号产生的原理图。也可采用正交调制法产生相对调相信号，方框图如图 5.10 所示，这是一个$\frac{\pi}{4}$调相系统。

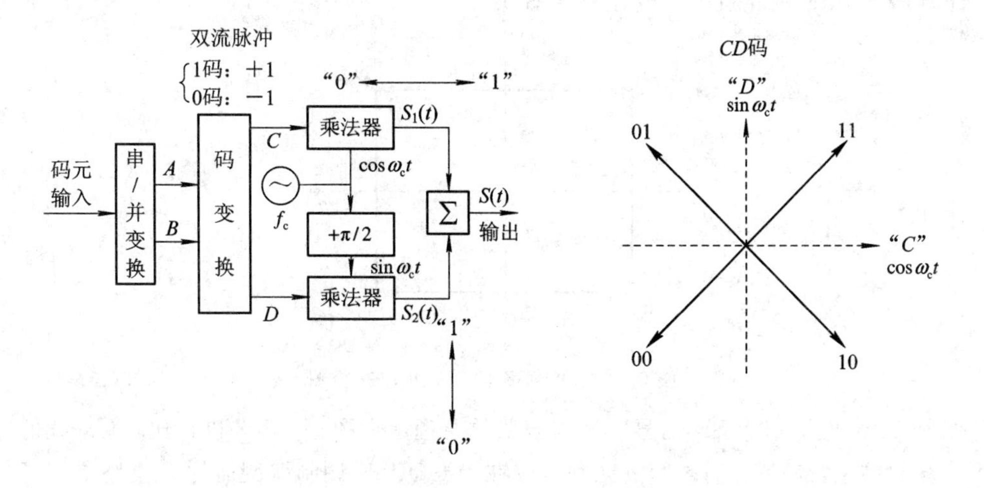

图 5.10　四相相对调相电路方框图$\left(\frac{\pi}{4}\text{系统}\right)$

OQPSK 称为偏置四相移相键控，它是在 QPSK 基础之上发展起来的。

从 QPSK 的相位路径图中可以看出，当两位码同时变化时，QPSK 信号的相位矢量必将经过原点。这意味着 QPSK 信号经过滤波器后，其包络将在相位矢量过原点时为 0，如图 5.11 所示，可见此时包络起伏性最大。如果再加上卫星信道的非线性及 AM/PM 效应的影响，那么这种包络的起伏性将转化为相位的变化，从而给系统引入了相位噪声，严重时会影响系统通信质量。因此，应尽可能地使调制后的波形具有等幅包络特性。OQPSK 正是在此思路的基础之上发展起来的。

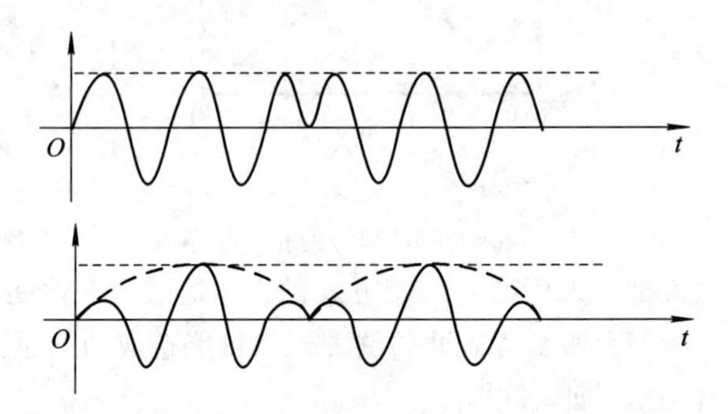

图 5.11　QPSK 经过带通滤波器前后的波形

由于在 QPSK 调制中只是当 A 和 B 路的符号同时发生变化时，相位路径才会通过原点，因此。如果人为地让 A 与 B 支路间存在一定的时延，那么将使两个支路的跳变时刻彼此错开，从而避免相位路径过原点的现象，也就彻底地消除了滤波后信号包络过零点的情况。此时，OQPSK 的相位矢量变化将如图 5.12 所示。

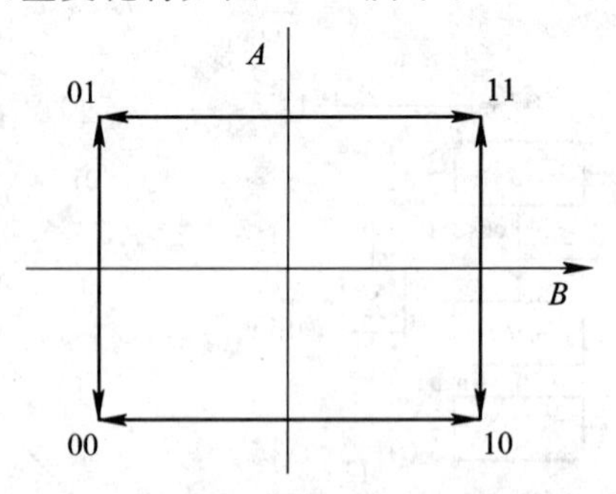

图 5.12　OQPSK 信号的相位路径图

图 5.13 给出了 OQPSK 信号产生与解调的原理示意图。与 5.8 进行比较后，我们可以得出这样的结论，就是它们之间的区别仅仅在于 OQPSK 调制解调器的 B 支路增加了一个延时器，所延时的时间 T_b 为符号间隔(T_0)的一半，即 $T_b = T_0/2$。

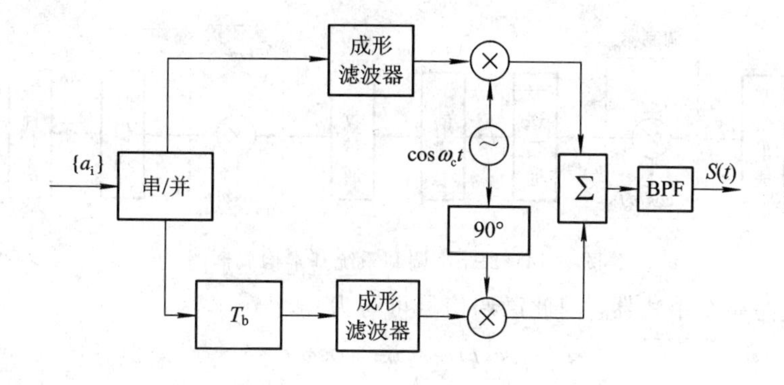

(a) OQPSK调制方框图

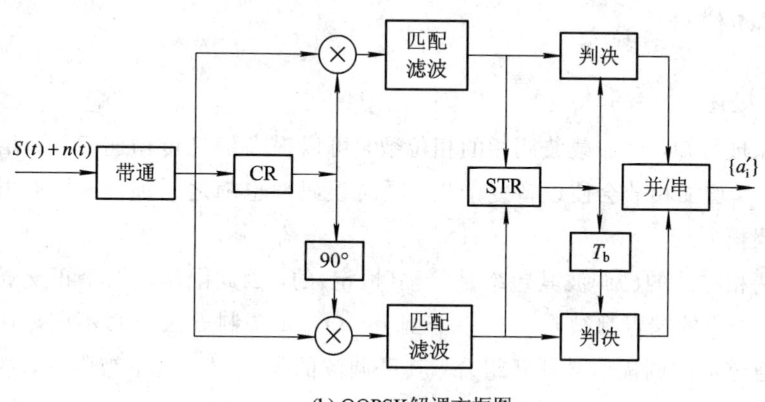

(b) OQPSK解调方框图

图 5.13　OQPSK 信号产生与解调

5.3　MQAM 调制

QAM(Quadrature Amplitude Modulation)是正交幅度调制的英文缩写，又称正交双边带调制。它是将两路独立的基带波形分别对两个相互正交的同频载波进行抑制载波的双边带调制，所得到的两路已调信号再进行矢量相加，这个过程就是正交幅度调制。这是一种既调幅又调相的调制方式，它广泛地应用于数字电视系统中。

5.3.1　2ASK 信号的产生与解调

2ASK 是一种最简单的数字幅度调制方式，载波幅度随基带数据信号变化。图 5.14 所示的是 2ASK 调制系统基本构成框图。

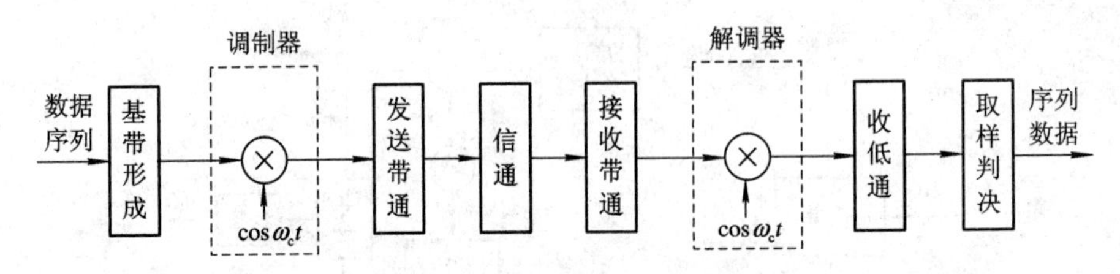

图 5.14　2ASK 调制系统基本构成框图

调制器就是一个乘法器，因此已调信号可写为

$$e(t) = S(t)\cos\omega_c t \tag{5-3}$$

式中，$S(t)$为二进制单极性非归零码，2ASK 信号的波形见图 5.1(a)。

5.3.2　QAM 信号

1. QAM 概述

由调相原理可知，增加载波调相的相位数，可以提高信息传输速率，即增加信道的传输容量。单纯靠增加相数会使设备复杂化，同时误码率也随之增加，于是提出了具有较好性能的正交调幅方式。

多进制调相方法的已调波其包络是等幅(恒定)的，因此限制了两个正交通道上的电平组合，已调波矢量的端点都被限制在一个圆上。QAM 调制方法与其不同，它的已调波可由每个正交通道上的调幅信号任意组合，其已调波的矢量端点就不被限制，故 QAM 调制是既调幅又调相的一种方式，如图 5.15(a)所示。由 16PSK 和 16QAM 已调波矢量端点的星座图可明确看出，16QAM 的 16 个已调波矢量端点不在一个圆上，点间距离较远。解调时，区分相邻已调波矢量容易，故误码率低(与相同点数的 16PSK 相比)。当把坐标原点与各矢量端点连线，可看出各已调波矢量的相位和幅度均有变化。所以说 QAM 方式的载波是既调幅又调相的。

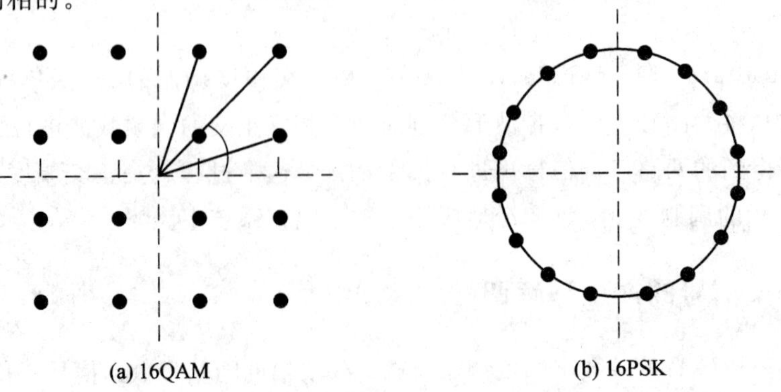

图 5.15　16PSK 和 16QAM 方式的星座图

2. 16QAM 的基本原理

图 5.16 给出了 16QAM 正交调制法的调制解调原理图。

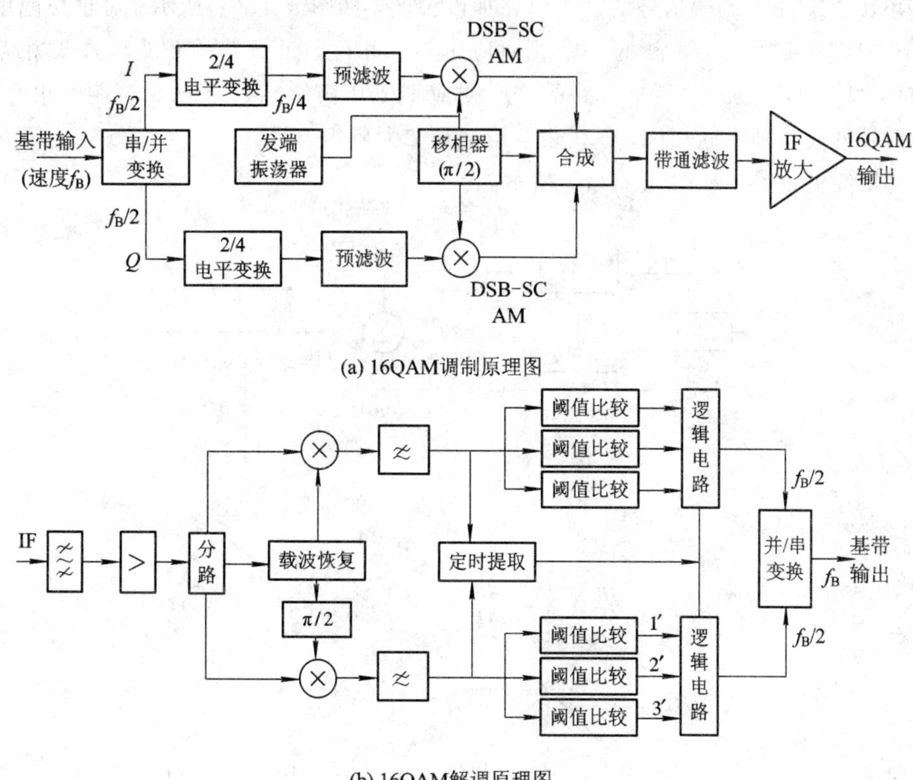

(a) 16QAM调制原理图

(b) 16QAM解调原理图

图 5.16　16QAM 正交调制法的调制解调原理图

信息速率为 f_B的基带数字序列经串/并变换后，在两个正交支路 I、Q 中都变成两个二进制码，其码元速率为 $f_B/2$。在每个支路中，2/4 电平变换电路相当于又一次串/并变换，使每个支路具有四电平信号，故码速为 $f_B/2$。经预滤波限带后，送入相乘器进行抑制载波的双边带调幅(DSB－SC)。相乘器输出即为抑制载波的四电平调幅信号。

同相支路和正交支路的四电平调幅信号在合成器中进行矢量相加，经滤波放大后，即可输出 16QAM 已调波。

在接收端，为了将解调器输出的四电平信号变成二进制码，在同相支路和正交支路上各设置三个阈值比较器。当四电平的某电压值超过某阈值时，则该比较器的输出为高电平；不到最小阈值时，比较器输出为最低电平。三个阈值比较器的输出并行送入逻辑电路，逻辑电路根据输入的不同阈值等级，处理成相应的双比特二电平码，完成 4/2 电平变换。

同相和正交支路的 $f_B/2$ 码流再经过并/串变换，就可恢复发端速率为 f_B 的基带数字序列。

为了进一步说明正交调幅信号的特点，还可以从已调信号的相位矢量表示方法来讨论，并用4QAM正交调幅信号的产生电路加以说明，如图5.17(a)所示。对正交幅度的 A 路的“1”对应于0°相位，A 路的“0”则对应于180°相位，而 B 路的载波与 A 路相差90°，则 B 路的“1”对应于90°相位，B 路的“0”对应于270°相位。A、B 两路调制输出合成后，则输出信号可有四种不同相位，各代表一组 AB 二元码组，即00，01，11，10。这四种组合所对应的相位矢量关系如图5.17(b)所示。

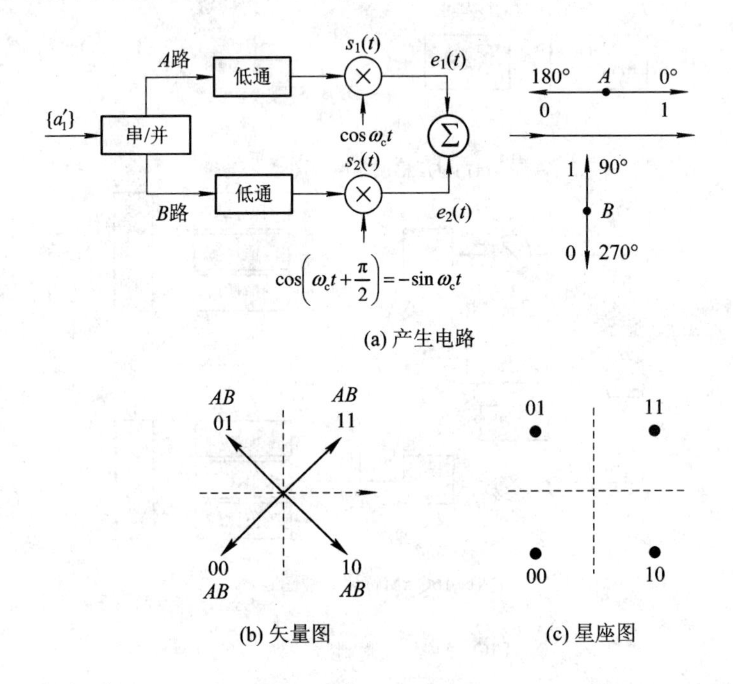

图5.17　4QAM信号的产生电路、相位矢量及星座表示

如果只画出矢量端点，则如图5.17(c)所示，称为QAM的星座表示。星座图上有四个星点，则称为4QAM。从星座图上很容易看出：A 路的“1”码位于星座图的右侧，“0”码在左侧；而 B 路的“1”码则在上侧，“0”码在下侧。星座图上各信号点之间的距离越大，抗误码能力越强。

16QAM星座图如图5.18所示。采用二路四电平码送到 A、B 的调制器，那么正交调幅的每个支路上均有四个电平，每路在星座上有四个点，于是4×4=16，组成16个点的星座图。同理，将二路八电平码分别送到 A、B 调制器，可得64点星座图，称为64QAM。更进一步还有256QAM等。

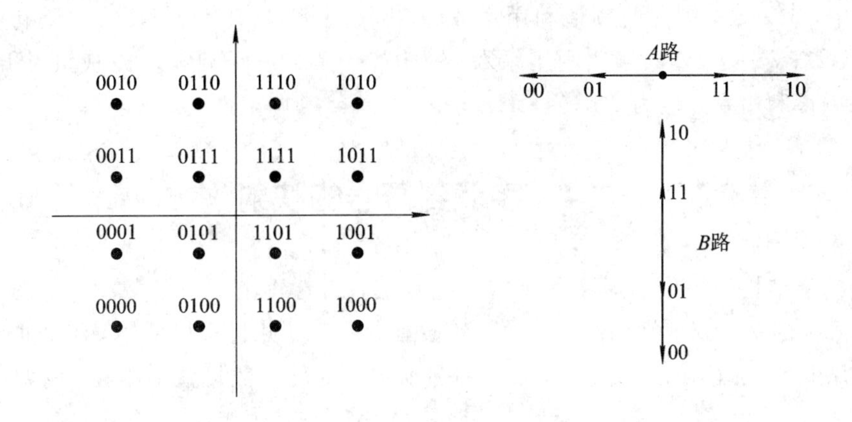

图 5.18　16QAM 星座图

3. QAM 的频谱利用率分析

下面分析 16QAM 信号的带宽情况。设输入的二进制速率为 10 Mb/s，2/4 电平转换的输出为$\frac{10\ \text{Mb/s}}{4}=2.5\ \text{Mb/s}$，由信息论知识可得，1 Hz 最高可传输 PCM 信号 2 bit，所以它的基带信号最高频率为 2.5/2 MHz。平衡调幅示意图如图 5.19 所示。

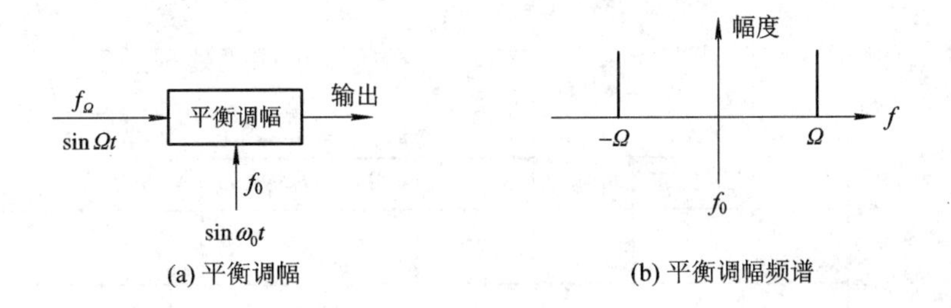

图 5.19　平衡调幅

根据平衡调制原理，对图 5.19 可作如下数学分析，设本振频率为 f_0，调制信号频率为 Ω，进行平衡调幅时，调幅后的输出信号为

$$\sin\Omega t \cdot \sin\omega_0 t = \frac{1}{2}\cos(\omega_0 - \Omega)t + \frac{1}{2}\cos(\omega_0 + \Omega)t \tag{5-4}$$

所以带宽为 2Ω。从上面分析可知，$\Omega=2.5/2$ MHz 时，则 $2\Omega=2.5$ MHz。即 10 Mb/s 的二进制数，经 16QAM 调制后的模拟信号带宽为 2.5 MHz，则频谱利用率为

$$\frac{10\ \text{Mbit/s}}{2.5\ \text{MHz}} = 4\ \text{b/(s}\cdot\text{Hz)} \tag{5-5}$$

所以 16QAM 调制理论上的频谱利用系数为 4 b/(s・Hz)，即 $16=2^4$。同理可证明

64QAM 中，$64=2^6$，则它的频谱利用系数为 6b/(s·Hz)；128QAM 的频谱利用系数为 7 b/(s·Hz)；256QAM 的频谱利用系数为 8 b/(s·Hz)；而 QPSK 调制相当于 4QAM，所以它的频谱利用系数应为 2 b/(s·Hz)。

5.4　字节到符号的映射

此处的字节指的是传输流中每个字节的数据，通常每个字节的数据量永远不变，为 8 bit。符号指的是送到数字调制器去的一组数据，一般是并行送出的，每组数据称作一个符号。采用的数字调制的方法不同，一个符号所包含的比特数目就不相等。例如，16QAM 数字调制器输入的一个符号数据量为 4 bit，32QAM 为 5 bit，64QAM 为 6 bit，8－VSB 为 3 bit，16－VSB 为 4 bit 等。针对不同的数字调制方法，要把字节(8 bit)数据映射成一个一个符号，再进行数字调制。

在卷积交织后，字节到符号的映射要精确地执行。在调制系统中，映射依赖于比特边缘。在每一种情况下，符号 Z 的 MSB 由字节 V 的 MSB 所取代。相应地，下一个符号的有效位将被下一个字节的有效位取代。在 2^m－QAM 调制中，处理器将从 k 比特映射到 n 个符号，如：

$$8k = n \times m \tag{5-6}$$

图 5.20 中以 64QAM(其中 $m=6$，$k=3$，$n=4$)为例说明了处理过程。

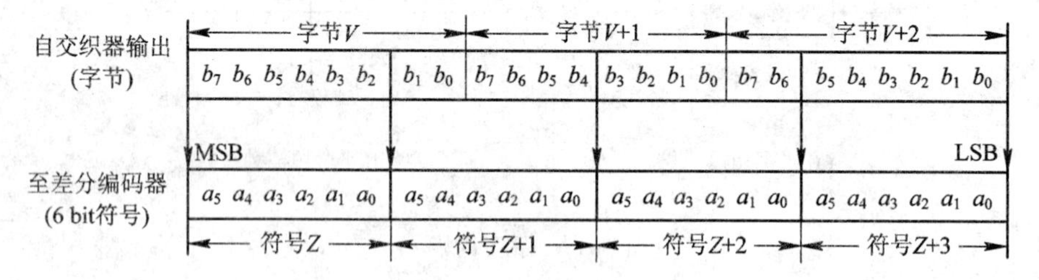

注：① b_0为每个字节或m比特符号(m-tuple)的最低有效位(LSB)。
② 这个变换中，每个字节产生的m比特符号不止一个，分别为Z、Z+1等，且Z在Z+1之前传送。

图 5.20　用于 64QAM 的字节到 m 比特符号的转换

习　题

5－1　通信系统中学过哪些数字调制技术？

5－2　画出 QPSK 调制的相位矢量图。

5-3　为什么OQPSK调制可使相位路径不通过原点？

5-4　画出16QAM数字电视信号调制框图，计算它的频谱利用系数理论值，并说明整个计算过程。

5-5　画出64QAM数字电视信号调制框图，计算它的频谱利用系数理论值，并说明整个计算过程。

5-6　简述16QAM调制中2/4及4/2电平转换原理。

5-7　为什么要进行字节到符号的映射？如何完成16-VSB调制前的字节到符号的映射？

第6章 数字电视的传输

数字电视节目通过传输系统从电视台到达广大用户，数字电视传输系统归属于数字通信系统范畴。

6.1 数字电视传输系统

数字电视传输系统归属于数字通信系统范畴，遵循数字通信系统的一般规律。数字电视传输系统中对信号的处理方法、关键技术以及很多名词、术语都来自于数字通信系统，因此本章先讨论数字通信系统，在此基础上引出数字电视传输系统的概念。

6.1.1 数字电视传输系统的组成

数字通信系统的组成如图6.1所示。整个通信系统包括信源部分、信道部分和信宿部分。信源部分由信源编码组成，信道部分主要由信道编码、传输线路(也简称信道)、信道解码组成，信宿部分由信源解码组成。

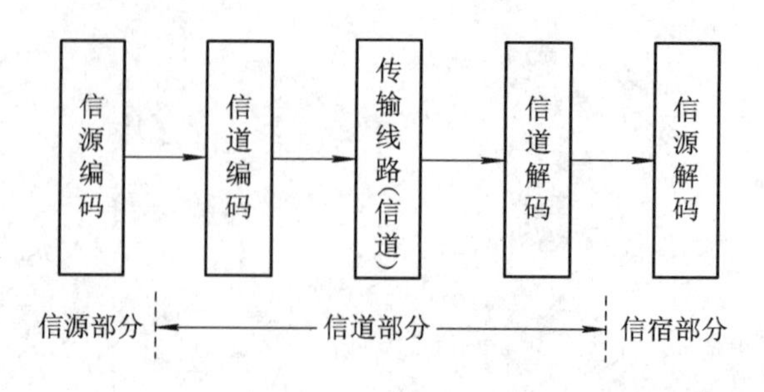

图6.1 数字通信系统的组成

在数字电视传输系统中，信源部分又可细分为数字视频信源压缩编码、数字音频信源压缩编码、数据编码、节目流多路复用、传输流多路复用等，如图6.2所示。节目流多路复用是将数字视频信源压缩编码、数字音频信源压缩编码、数据编码三种信号复用在一起成为节目流。传输流多路复用是将多个节目流复用在一起形成传输流。

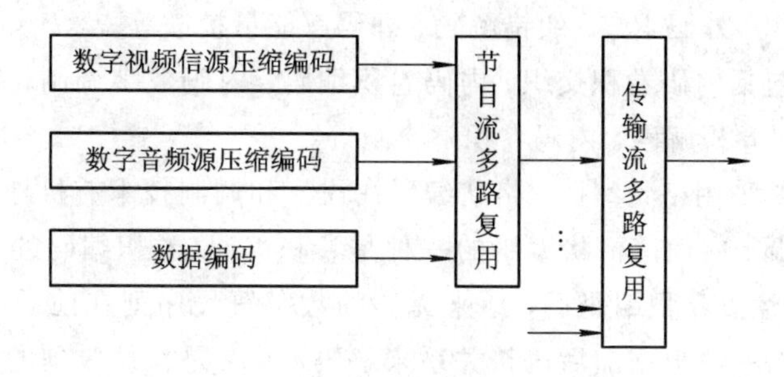

图 6.2　信源部分组成框图

信宿部分是信源部分的反过程，如图 6.3 所示。首先将收到的信号进行传输流多路解复用，变成各个节目流，再从节目流中进行多路解复用，分解送出数字视频信号、数字音频信号、数据信号，最后分别进行解压缩，恢复得到原始的视频信号。

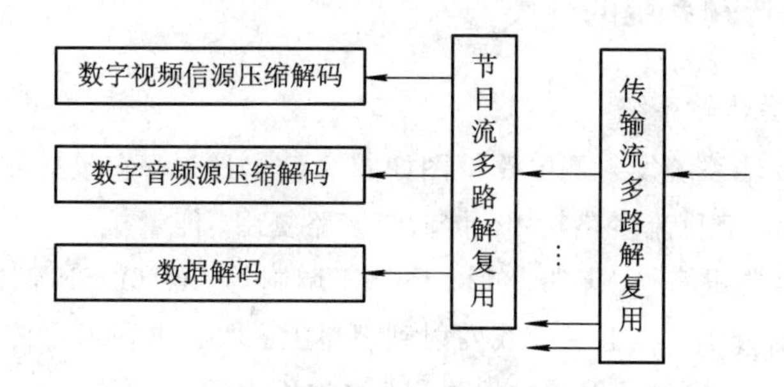

图 6.3　信宿部分组成框图

传输线路(信道)包括卫星、微波、光纤、同轴电缆、电话线和地面广播(大气作为媒介)等。为了提高通信的可靠性，信道部分对信号处理极其严格，也极其复杂，处理方法也较多。信道部分又被细分为外信道和内信道，如图 6.4 所示。

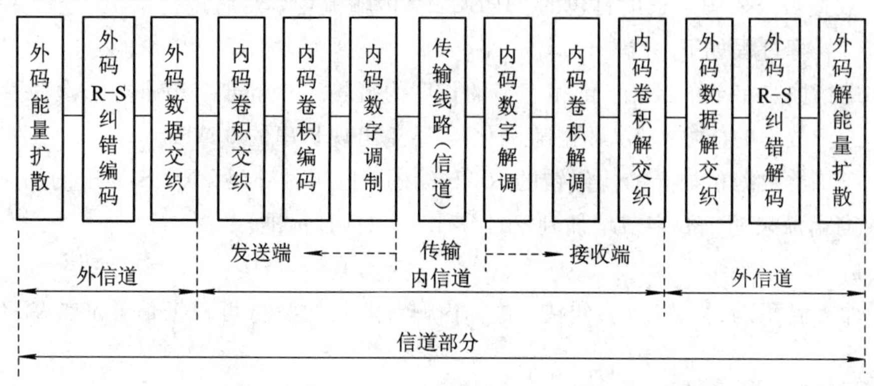

图 6.4　信道部分详图

发送端外信道包括外码能量扩散、外码 R-S 纠错编码、外码数据交织；接收端外信道包括外码数据解交织、外码 R-S 纠错解码、外码解能量扩散等。

发送端内信道包括内码卷积交织、内码卷积编码、内码数字调制；接收端内信道包括内码数字解调、内码卷积解码、内码卷积解交织等。

内码卷积编码常采用格状编码。格状编码往往又和调制技术有机地结合起来。格状编码调制技术又称码调。内信道格状编码的一种是卷积编码(卷积编码的编码方法可以用卷积运算形式表达)，经过卷积编码后，原来无关的数字符号序列在前后一定间隔之内有了相关性。应用这种相关性根据前后码符关系来解码，通常是根据收到的信号从码符序列可能发展的路径中，选择出最似然的路径进行译码，比起逐个信号判决解码性能要好得多。然后把编码和调制结合在一起，使符号序列映射到信号空间所形成的路径之间的最小欧氏距离(称为自由距离)为最大。

6.1.2　数字电视传输系统的分类

1. 数字电视卫星传输系统

数字电视卫星传输系统发射侧电路框图如图 6.5(a)所示，它包括数字视频编码、数字音频编码、数据编码、节目流多路复用、传输流多路复用、能量扩散、外码 R-S 纠错编码、内码卷积交织、内码卷积编码、基带整形、QPSK 调制等。经 QPSK 调制后的中频(IF)信号再经频谱搬移到射频上，经卫星天线发射到卫星上。数字电视卫星传输系统接收侧电路框图如图 6.5(b) 所示，它是发射侧的反过程，这里不再赘述。

卫星系统既可以是一个单载波系统又可以是多载波系统。数字电视卫星传输是为了满足卫星转发器的带宽及卫星信号的传输特点而设计的。如果将所要传输的有用信息称为“核”，那么它的周围包裹了许多保护层，使信号在传输过程中有更强的抗干扰能力，视频、音频以及数据被放入固定长度打包的 MPEG-2 传输流中，然后进行信道处理。在卫星系统中，信道处理过程如下：

(1) 进行同步字节的倒相。倒相字节的长度为每隔 8 个同步字节进行一次。

(2) 进行数据的能量扩散(数据随机化)，避免出现长串的 0 或 1。

(3) 为每个数据包加上前向纠错的 R-S 编码，也叫做外码。R-S 编码的加入会使原始数据长度由原来的 188 字节增加到 204 字节(见 DVB 标准)。

(4) 进行数据交织。

(5) 加入卷积码(格状编码)纠错，也称内码。内码的数量可根据信号的传输环境进行调节。

(6) 对数据流进行 QPSK 调制(见图 6.5)。

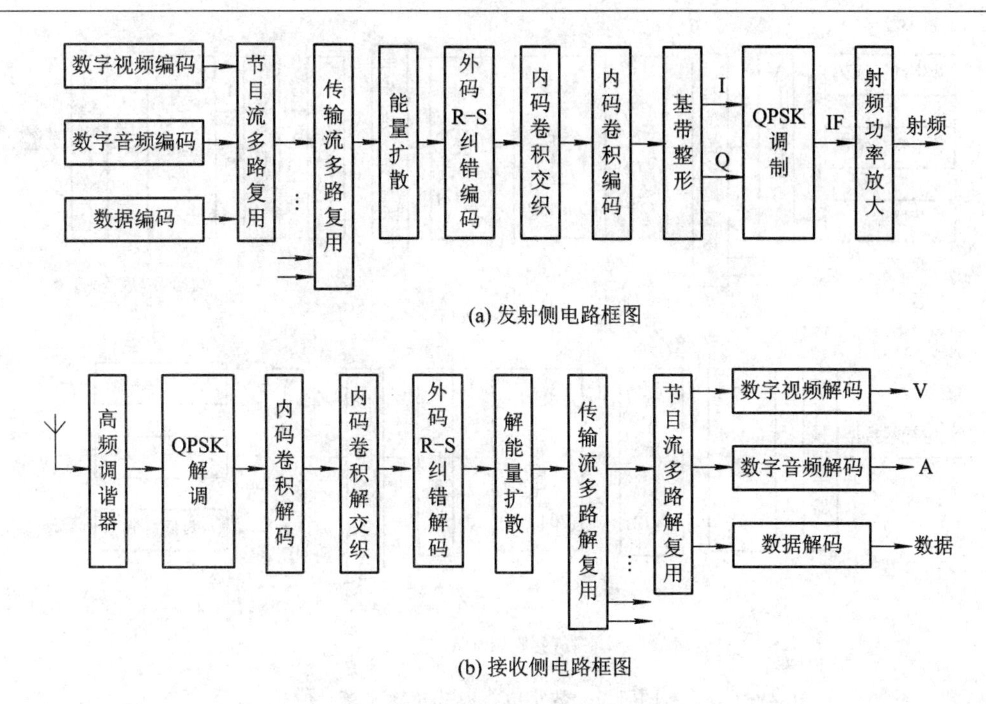

(a) 发射侧电路框图

(b) 接收侧电路框图

图 6.5　数字电视卫星传输系统

2. 数字电视有线传输系统

数字电视有线传输系统发射侧电路框图如图 6.6(a)所示。为了使各种传输方式尽可能兼容，除信道调制外的大部分处理均与数字电视卫星传输系统中的处理相同，也即有相同的能量扩散（伪随机序列扰码）、相同的 R－S 纠错、相同的卷积交织，随后进行的处理是专门用于电缆电视的。首先进行字节(Byte)到符号的映射，如 64QAM 是将 8 比特数据转换成 6 比特为一组符号，然后前 2 比特进行差分编码再与剩余的 4 比特转换成相应星座图中的点。该方案可以适应 16QAM、32QAM、64QAM 三种调制方式。

有线网络系统的核心与卫星系统的相同，但数字调制系统是以正交幅度调制(QAM)而不是以 QPSK 为基础的，而且可不需要内码(格状编码)编码。该系统采用 64QAM，也能够使用 16QAM 和 32QAM。在每一种情况下，在系统的数据容量和数据的可靠性之间进行折中。

更多电平的调制，例如 128QAM 和 256QAM 也是可能的，但它们的使用取决于有线网络的容量和解码器的性能。如果使用 64QAM，那么 8 MHz 频道能够容纳 38.5 Mb/s 的有效载荷容量。

数字电视有线传输系统接收侧电路框图如图 6.6(b)所示，它是发射侧的反过程，在此不再赘述。

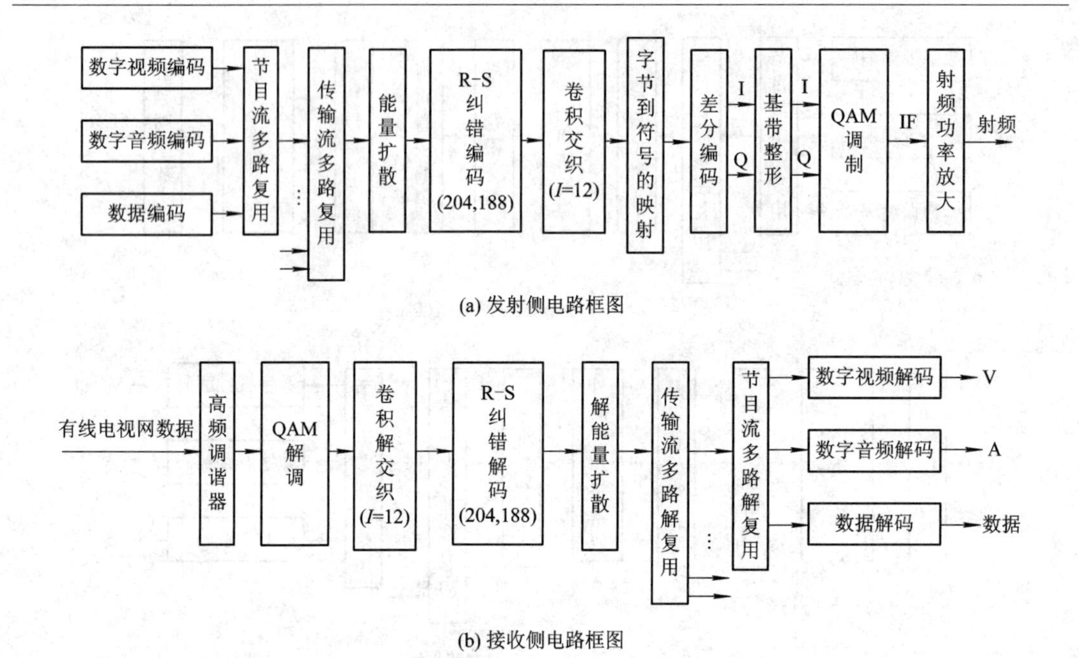

图 6.6　数字电视有线传输系统

3. 数字电视地面广播传输系统

1）COFDM 调制方案

对于欧洲数字电视地面广播传输系统，信源仍然采用 MPEG－2 数字音频、视频压缩编码。其特点是，采用编码正交频分多路调制(COFDM)方式，它是由内码编码(Code)和正交频分多路调制(OFDM)相组合起来的一种数字调制方式。这种调制方式又可以分成 2K 载波方式和 8K 载波方式。COFDM 调制方式将信息分布到许多个载波上面，这种技术曾经成功地运用到了数字音、视频广播 DAB 上面，用来避免传输环境造成的多径反射效应，其代价是引入了传输“保护间隔”，这些“保护间隔”会占用一部分带宽。通常 COFDM 的载波数量越多，对于给定的最大反射延时时间，传输容量损失越小。但是总有一个平衡点，增加载波数量会使接收机复杂性增加，破坏相位噪声灵敏度，增加了延时。

COFDM 中各字母的具体技术含义如下：

(1) C 为编码 Code 的英文缩写。为了修正传输中可能出现的差错，信源编码输出的比特流通常要加入冗余进行差错保护，即进行纠错编码。例如，可采用编码率可变的卷积编码——可删除型卷积编码，以适应不同重要性的数据的保护要求。

(2) OFD 为正交频分。使用大量的载波(即副载波)以代替通常用于传送一套节目的单个载波。这些副载波有相等的频率间隔，所有副载波的频率都是一个基本振荡频率的整数倍，在频谱关系上是彼此正交的。这些副载波尽管靠得很近，且有部分频谱重叠，但它们携带的信息仍然可以彼此分离。要传送的信息(信源比特流)按照一定规则被分割后分配在这些副载波上，每一个副载波可采用四相差分相移键控(4DPSK)方法调制，它需要与 4 位软判别输出的差分解码相配合。

(3) M 为复用。COFDM 是一种宽带传输方式，传输的信息不再是单一的节目，而是许多套节目相互交织地分布在上述大量副载波上，形成一个频率块。

COFDM 需要的众多载波并不是采用通常的锁相频率合成器来产生的，否则造价、体积、频率相关性都成问题，实际上可以采用离散傅里叶反变换(IDFT)，同时产生所需数量的载波，这样也使控制载波的有无变得非常简单，可实现程序控制。IDFT 的具体过程通常是利用快速傅里叶反变换(IFFT)来完成的。在接收端的解码器里，为了使信号恢复原状，需要有离散傅里叶变换(DFT)，实现算法为快速傅里叶变换(FFT)。

由于 COFDM 调制方式的抗多径反射功能，它可以潜在地允许在单频网中相邻网络的电磁覆盖重叠，在重叠的区域内可以将来自两个发射塔的电磁波看成是一个发射塔的电磁波与其自身反射波的叠加。但是如果两个发射塔相距较远，发自两塔的电磁波的时间延迟比较长，系统就需要较大的保护间隔。由该种数字调制方式组成的数字电视传输系统如图 6.7 所示。发射侧电路由节目流多路复用、传输流多路复用、能量扩散、外码 R－S 纠错编码、外码交织、内码卷积交织、内码卷积编码、OFDM 调制和射频输出等部分组成。从前

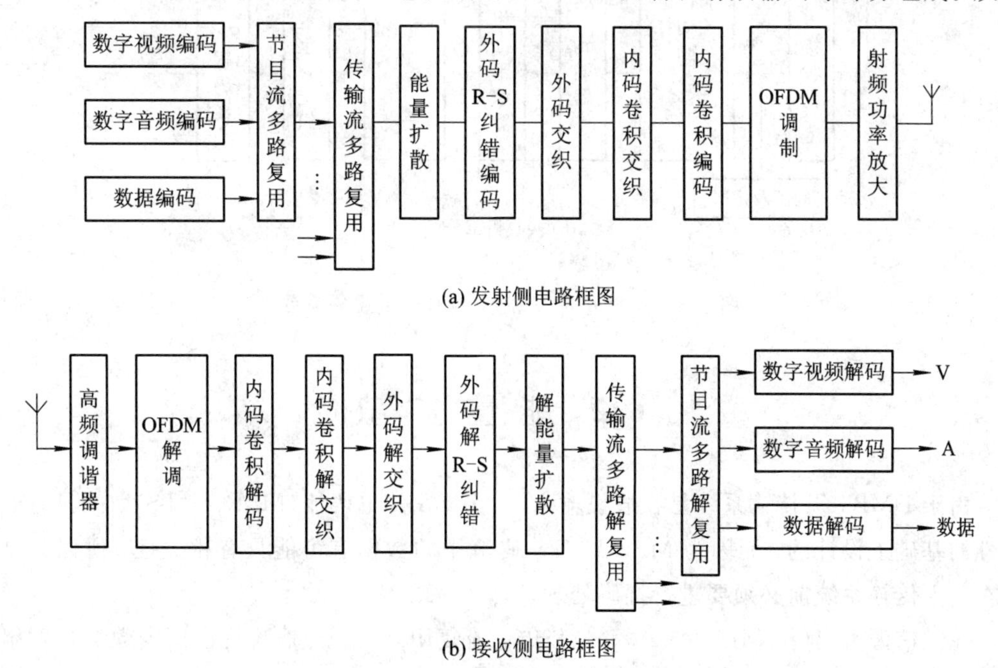

图 6.7　带有正交频分多路数字调制的数字电视传输系统

向纠错码来看，由于传输环境的复杂性，COFDM 数字电视传输系统不仅包含了内、外码纠错编码，而且加入了内、外码交织。接收侧电路是它的反过程，在此不再赘述。

2) 残留边带(VSB)调制方案

1994 年，美国大联盟 HDTV 方案传输部分采用残留边带（VSB）进行高速数字调制，该残留边带地面广播收、发系统如图 6.8 所示。对于发射机部分，图像、伴音的打包数据先送入 R-S 编码器，再经数据交织、格状编码、多路复用(数字视/音频数据、段同步、行同步复用)，再插入导频信号。插入导频信号的目的是便于接收端恢复载波时钟。然后进行残留边带调制，最后送往发射机，发射机输出射频。接收机部分是它的反过程，在此不再赘述。

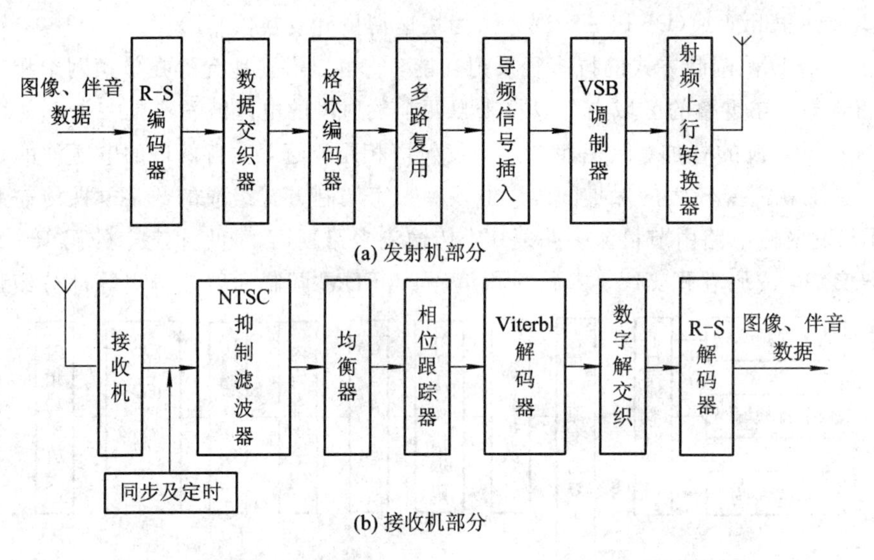

图 6.8　残留边带(VSB)调制数字电视传输系统

6.2　能量扩散

由于 DMB-T 传输系统是在假设输入的 MPEG 传输码流(MPEG-TS)数据具有非相关性的基础上设计的，而因为 MPEG-TS 码流中的数据有可能具有相关性，所以数据码流在进入传输系统前必须要进行扰码处理。

在经信源编码(按 MPEG-2 标准)和传输流复用之后，传输流将以固定数据长度组织成数据帧结构。例如，欧洲 DVB 标准的传输流复用帧每数据帧的总长度为 188 字节，其中包括 1 个同步字节(01000111)。发送端的处理总是从同步字节(47H)的最高位(MSB)(即

"0")开始。每 8 个数据帧为一帧群。为区别每一帧群的起始点，第一个数据帧的同步字节的每个比特翻转，即由 47H 变为 B8H，而第二至第八个数据帧的同步字节不变。这样，在接收端只要检测到翻转的同步字节，就说明一个新帧群开始。如图 6.9 所示，第一个数据帧的同步字节翻转，实际上是在伪随机信号发生器(即能量扩散)中完成的。

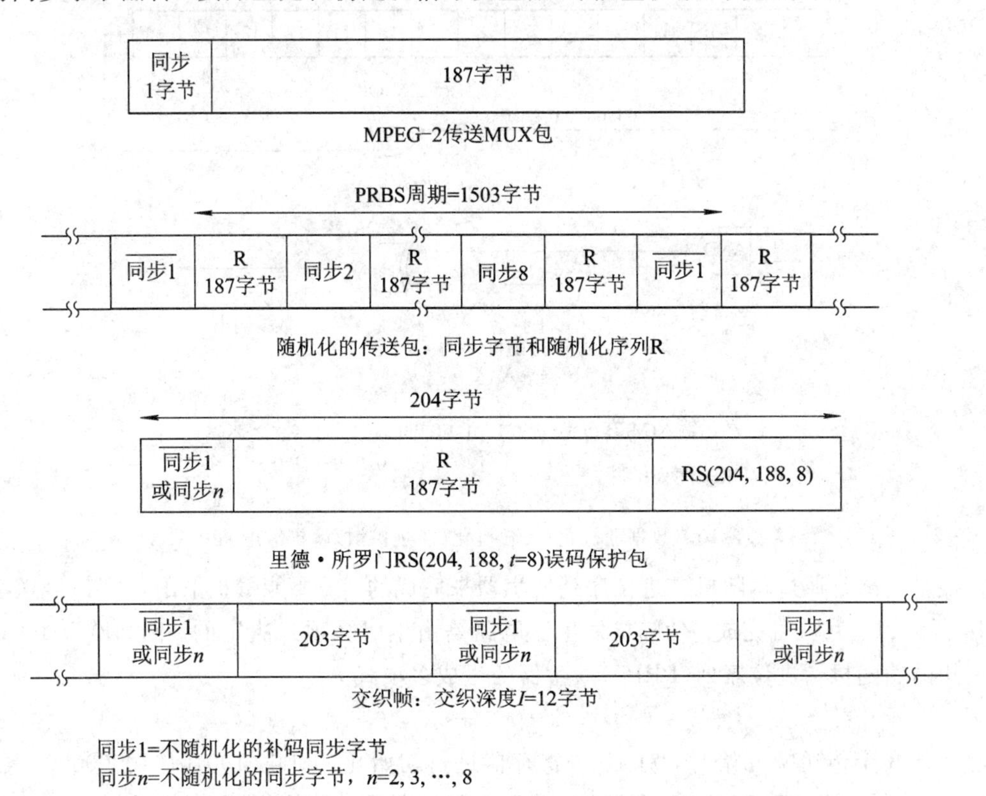

图 6.9　固定长度数据帧结构

经上述处理后的传输数据流，再按图 6.10 中描述的格式进行数据随机化(即能量扩散)。能量扩散的目的是使数字电视信号的能量不过分集中在载频上或"1"、"0"电平相对应的频率上，从而减小对其他通信设备的干扰，并有利于载波恢复。具体做法是将二进制数据中较集中的"0"或"1"按一定的规律使之分散开来，这个规律由伪随机发生器的生成多项式决定。例如：如果某一时刻"1"过于集中，就相当于该时刻发射功率能量集中在 1 电平相对应的频率上；在另一时刻，如果"0"过于集中，就相当于此时刻发射功率集中在载频上。这种在信号的发射过程中能量过于集中的现象不利于载波恢复，影响接收效果。如果在信号发射之前将二进制数据随机化，即能量扩散，使"1"和"0"分布较为合理，即整个数据系列中，数据从"0"到"1"或从"1"到"0"的跳变较为频繁，这将大大有利于载波恢复，提高接收信号的稳定性和可靠性。数据随机化过程也称数据扰码过程，收、发两端是同步进行的，以确保原始数据的恢复。

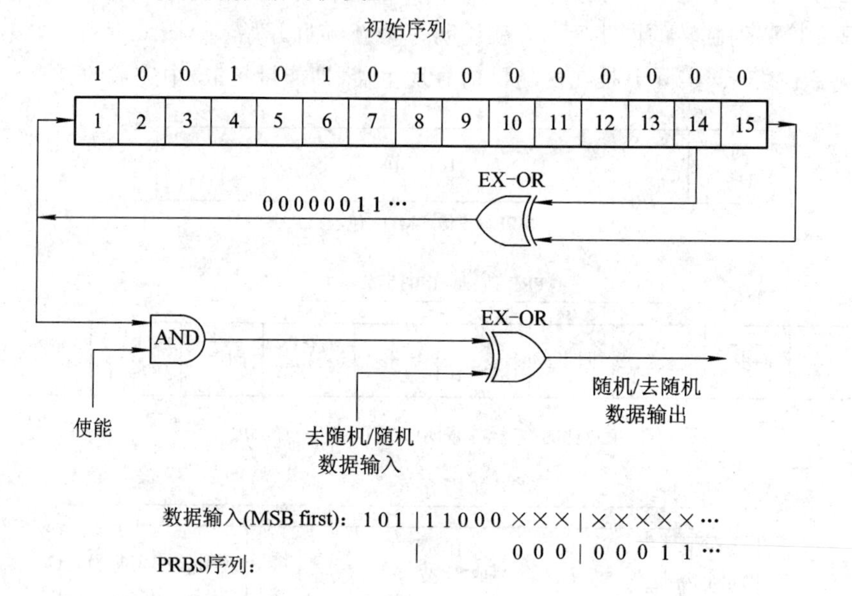

图 6.10　数据随机化/去随机化(能量扩散/解扩散电路)

能量扩散是通过伪随机二进位序列发生器来完成的。需要能量扩散的数字信号送往图 6.10 所示的电路就可完成。伪随机发生器电路是由生成多项式决定的。例如欧洲 DVB 标准采用的伪随机二进位序列(PRBS)发生器的生成多项式为

$$1 + x^{14} + x^{15} \tag{6-1}$$

在每 8 个传送帧开始时，对 15 个寄存器进行初始化，加载“100101010000000”数据，如图 6.10 所示输入到 PRBS 寄存器中。为了向扰码器提供初始信号，第一个传输帧的同步字节将自动从 47H 反转到 B8H，这一过程称为“传输流复用调整”。PRBS 发生器输出的第一位应与反转后的同步字节(B8H)的第一位(即 MSB)相一致。为了向加扰器提供初始信号“100101010000000”，每 8 个数据帧中第一个数据帧的同步字节期间，扰码将继续进行，但输出“使能”端关断，也即第一个数据帧的同步字节并不加扰，未被随机化。因此，PRBS 序列帧群的总长度为 8×188－1＝1503 字节。当调制器输入数据流不存在，或者它与传输流格式(1 同步字节＋187 字节数据)不一致时，也必须进行随机化，这是为了避免发送出未被调制的载波。

值得注意的是，收、发两端均采用相同的能量扩散、解扩散电路，而且是同步工作的。图 6.10 中，1～15 表示 15 个移位寄存器，AND 表示或门，EX－OR 表示异或门。在发送端，数据要进行随机化时，将要随机化的数据从图 6.10 中底下这个异或门的去随机/随机

数据输入端口加入，再经异或门随机化后输出已被能量扩散后的随机数据。在接收端，解能量扩散电路也是与发送端电路相同，需要去随机化的数据从图 6.10 中底下这个异或门的去随机/随机数据输入端口加入，再经异或门去随机化后，输出已被解能量扩散后的数据。

6.3　数据交织与解交织

纠错编码在实际应用中往往要结合数据交织技术。因为许多信道差错是突发的，即发生错误时往往有很强的相关性，甚至是连续一片数据都出了错。这时由于错误集中在一起，常常超出了纠错码的纠错能力，因此在发送端加上数据交织器，在接收端加上解交织器，使得信道的突发差错分散开来，把突发差错信道变成独立随机差错信道，这样可以充分发挥纠错编码的作用。交织器就是使数据顺序随机化，它分为周期交织和伪随机交织两种。信道之中加上交织与解交织，系统的纠错性能可以提高好几个数量级。

数据交织也称数据交织编码。交织编码是通过交织与解交织将一个有记忆的突发差错信道改造为基本上是无记忆的随机独立差错的信道，然后再用纠随机独立差错的码来纠错。交织可分为块交织和卷积交织，下面先介绍块交织。

1. 块交织

1）块交织原理

块交织在发送端是将已编码的数据构成一个 m 行 n 列的矩阵，按行写入随机存储器(RAM)，再按列读出送至发信信道。在接收端将接收到的信号按列顺序写入 RAM，再按行读出。假设传输过程中的突发错误是整列错误，但在接收端，纠错是以行为基础的，被分配到每行只有一个错误，这样，把连续的突发错误分散为单个随机错误，有利于纠错。下面采用矩阵形式再进行详细分析。

(1) 设发送端待发送的一组信息为

$$X=(A_{01},A_{02},A_{03},A_{04},A_{05},A_{06},A_{07},A_{08},A_{09},A_{10},A_{11},A_{12},A_{13},A_{14},A_{15},A_{16},A_{17},A_{18},A_{19},A_{20},A_{21},A_{22},A_{23},A_{24},A_{25})$$

(2) 交织存储器为一个行列交织矩阵，它按列写入，按行读出：

$$X_1=\begin{bmatrix} A_{01} & A_{06} & A_{11} & A_{16} & A_{21} \\ A_{02} & A_{07} & A_{12} & A_{17} & A_{22} \\ A_{03} & A_{08} & A_{13} & A_{18} & A_{23} \\ A_{04} & A_{09} & A_{14} & A_{19} & A_{24} \\ A_{05} & A_{10} & A_{15} & A_{20} & A_{25} \end{bmatrix} \tag{6-2}$$

(3) 交织器输出并送入突发信道的信息为

$$X' = (A_{01}, A_{06}, A_{11}, A_{16}, A_{21}, A_{02}, A_{07}, A_{12}, A_{17}, A_{22}, A_{03}, A_{08}, A_{13}, A_{18}, A_{23}, A_{04}, A_{09}, A_{14}, A_{19}, A_{24}, A_{05}, A_{10}, A_{15}, A_{20}, A_{25})$$

(4) 设信道产生两个突发错误：第一个产生于 A_{01}、A_{06}、A_{11}、A_{16}、A_{21}，连错 5 位；第二个产生于 A_{03}、A_{08}、A_{13}、A_{18}，连错 4 位。

(5) 突发信道输出端的信息为 X''，它可表示为

$$X'' = (\underline{A}_{01}, \underline{A}_{06}, \underline{A}_{11}, \underline{A}_{16}, \underline{A}_{21}, A_{02}, A_{07}, A_{12}, A_{17}, A_{22}, \underline{A}_{03}, \underline{A}_{08}, \underline{A}_{13}, \underline{A}_{18}, A_{23}, A_{04}, A_{09}, A_{14}, A_{19}, A_{24}, A_{05}, A_{10}, A_{15}, A_{20}, A_{25})$$

(6) 接收端进入解交织后，送入另一存储器，也是一个行列交织矩阵，按行写入，按列读出：

$$X_2 = \begin{bmatrix} \underline{A}_{01} & \underline{A}_{06} & \underline{A}_{11} & \underline{A}_{16} & \underline{A}_{21} \\ A_{02} & A_{07} & A_{12} & A_{17} & A_{22} \\ \underline{A}_{03} & \underline{A}_{08} & \underline{A}_{13} & \underline{A}_{18} & A_{23} \\ A_{04} & A_{09} & A_{14} & A_{19} & A_{24} \\ A_{05} & A_{10} & A_{15} & A_{20} & A_{25} \end{bmatrix} \tag{6-3}$$

(7) 解交织存储器的输出为 X'''，它可表示为

$$X''' = (\underline{A}_{01}, A_{02}, \underline{A}_{03}, A_{04}, A_{05}, \underline{A}_{06}, A_{07}, A_{08}, A_{09}, A_{10}, A_{11}, A_{12}, \underline{A}_{13}, A_{14}, A_{15}, \underline{A}_{16}, A_{17}, \underline{A}_{18}, A_{19}, A_{20}, \underline{A}_{21}, A_{22}, A_{23}, A_{24}, A_{25})$$

由上可见，经过交织矩阵与解交织矩阵后，原来信道中的突发错误，即两个突发 5 位连错和 4 位连错变成了随机性的独立差错(见画线部分)。

2) 块交织的基本性质

设分组长度 $L=M\times N$，即由 M 行 N 列的矩阵构成，其中交织存储器是按列写入按行读出，然后送入信道，进入解交织矩阵存储器，解交织矩阵存储器是按行写入按列读出。利用这种行、列倒换，可将突发信道变换为等效的随机独立信道。这类交织器属于分组周期性交织器，具有如下性质：

(1) 任何长度 $M\geqslant 1$ 的突发差错，经交织后成为至少被 $N-1$ 位隔开后的一些单个独立差错。

(2) 任何长度 $M<1$ 的突发差错，经解交织后，可将长突发差错变换成长度为 $l_1=l/M$ 的短突发差错。

(3) 在不计信道时延条件下完成交织与解交织变换，将产生 $2MN$ 个符号的时延，其中发、收端各占一半。

(4) 在很特殊的情况下，周期为 M 的 k 个单个随机独立差错序列，经交织与解交织后会产生长度为 L 的突发差错。

由以上性质可见，块交织器是克服深度衰落的有效方法，并已在数字通信中获得广泛应用。其主要缺点是产生附加的 $2MN$ 个符号的延时，对实时业务如图像和声音带来不利影响。

上面讨论的块交织有两大缺点：附加延时和变随机独立差错为突发差错。为克服这两大缺点，提出了卷积交织。卷积交织器可以仿照块交织来组成，即把行、列形成的块状交织，从左上角到右下角作一对角线，对角线以下的部分组成发送端交织器，对角线以上的部分为接收端解交织器。很显然，在相同数据交织的情况下，器件、延时各少了一半。

2. 卷积交织

卷积交织的原理图如图 6.11 所示，它的性质与块交织相似。

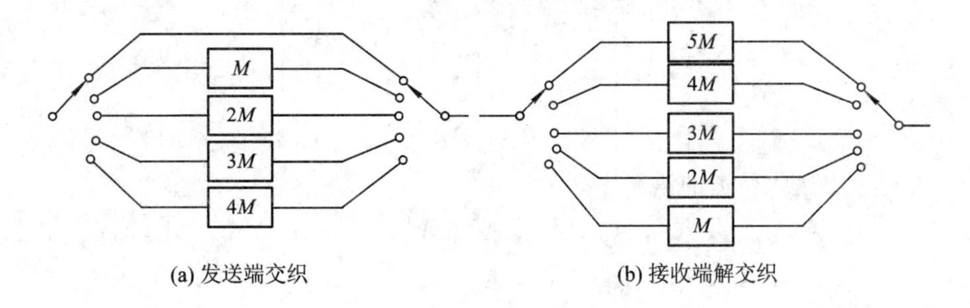

图 6.11　卷积交织的原理图

图 6.11 中以箭头表示的 4 个开关自上而下往返同步工作，M 表示能存储 5 bit 的移位寄存器。

卷积交织的基本原理是：输入数据依次进入第 $0-B-1$ 通道(B 表示交织宽度)，并按照各自通道上的延时规律输出，交织器和解交织器相同通道上的延时是互补的，延时之和均为 $M\times(B-1)$。这样，经过交织器输出的数据被打乱，再经过解交织器又被重新恢复。

下面仍以 $L=MN=5\times5=25$ 个信息序列为例加以说明。

(1) 设待传送信息序列为

$$X=(A_{01}, A_{02}, A_{03}, A_{04}, A_{05}, A_{06}, A_{07}, A_{08}, A_{09}, A_{10}, A_{11}, A_{12}, A_{13}, A_{14}, A_{15}, A_{16}, A_{17}, A_{18}, A_{19}, A_{20}, A_{21}, A_{22}, A_{23}, A_{24}, A_{25})$$

(2) 发送端交织器是码元分组交织器，25 个信息码元分为 5 行 5 列，按行输入：

① 当 A_{01} 输入交织器，将直通输出至第一行第一列的位置；

② 当 A_{02} 输入交织器经 $M=5$ 位延迟后，输出至第二行第二列的位置；

③ 当 A_{03} 输入交织器经 $2M=2\times5=10$ 位延迟后，输出至第三行第三列的位置；

④ 当 A_{04} 输入交织器经 $3M=3\times5=15$ 位延迟后，输出至第四行第四列的位置；

⑤ 当 A_{05} 输入交织器经 $4M=4\times5=20$ 位延迟后，输出至第五行第五列的位置。

(3) 若用矩阵表示交织器的输入，因它是按行写入，每行 5 个码元，即

$$X_1=\begin{bmatrix} A_{01} & A_{02} & A_{03} & A_{04} & A_{05} \\ A_{06} & A_{07} & A_{08} & A_{09} & A_{10} \\ A_{11} & A_{12} & A_{13} & A_{14} & A_{15} \\ A_{16} & A_{17} & A_{18} & A_{19} & A_{20} \\ A_{21} & A_{22} & A_{23} & A_{24} & A_{25} \end{bmatrix} \tag{6-4}$$

经过并行的 N 个(0, 1, 2, …, $N-1$)存储器后，有

$$X_2=\begin{bmatrix} A_{01} & A_{22} & A_{18} & A_{14} & A_{10} \\ A_{06} & A_{02} & A_{23} & A_{19} & A_{15} \\ A_{11} & A_{07} & A_{03} & A_{24} & A_{20} \\ A_{16} & A_{12} & A_{08} & A_{04} & A_{25} \\ A_{21} & A_{17} & A_{13} & A_{09} & A_{05} \end{bmatrix} \tag{6-5}$$

(4) 按行读出送入信道的码元序列为

$$X'=(A_{01}, A_{22}, A_{18}, A_{14}, A_{10}, A_{06}, A_{02}, A_{23}, A_{19}, A_{15}, A_{11}, A_{07}, A_{03}, A_{24}, A_{20}, A_{16}, A_{12}, A_{08}, A_{04}, A_{25}, A_{21}, A_{17}, A_{13}, A_{09}, A_{05})$$

(5) 在信道中仍受到两个突发的干扰：第一个为 5 位，即 A_{01}、A_{22}、A_{18}、A_{14}、A_{10}；第二个为 4 位，即 A_{11}、A_{07}、A_{03}、A_{24}。接收端收到的码元序列为

$$X''=(\underline{A}_{01}, \underline{A}_{22}, \underline{A}_{18}, \underline{A}_{14}, \underline{A}_{10}, A_{06}, A_{02}, A_{23}, A_{19}, A_{15}, \underline{A}_{11}, \underline{A}_{07}, \underline{A}_{03}, \underline{A}_{24}, A_{20}, A_{16}, A_{12}, A_{08}, A_{04}, A_{25}, A_{21}, A_{17}, A_{13}, A_{09}, A_{05})$$

(6) 在接收端送入解交织器，解交织器结构与发送端交织器结构互补，且同步运行，即并行寄存器数自上而下为 $5M$、$4M$、$3M$、$2M$、M(直通)。

(7) 接收端解交织器用 5×5 矩阵表示如下：

输入：

$$X_3=\begin{bmatrix} A_{01} & A_{22} & A_{18} & A_{14} & A_{10} \\ A_{06} & A_{02} & A_{23} & A_{19} & A_{15} \\ A_{11} & A_{17} & A_{03} & A_{24} & A_{20} \\ A_{16} & A_{12} & A_{08} & A_{04} & A_{25} \\ A_{21} & A_{17} & A_{13} & A_{09} & A_{05} \end{bmatrix} \tag{6-6}$$

输出：

$$X_3 = \begin{bmatrix} A_{01} & A_{02} & A_{03} & A_{04} & A_{05} \\ A_{06} & A_{07} & A_{08} & A_{09} & A_{10} \\ A_{11} & A_{12} & A_{13} & A_{14} & A_{15} \\ A_{16} & A_{17} & A_{18} & A_{19} & A_{20} \\ A_{21} & A_{22} & A_{23} & A_{24} & A_{25} \end{bmatrix} \tag{6-7}$$

(8) 按行读出并送入信道译码器的码序列为

$$X''' = (\underline{A}_{01}, A_{02}, \underline{A}_{03}, A_{04}, A_{05}, A_{06}, \underline{A}_{07}, A_{08}, A_{09}, \underline{A}_{10}, \underline{A}_{11}, A_{12}, A_{13}, \underline{A}_{14}, A_{15}, A_{16}, A_{17}, A_{18}, A_{19}, A_{20}, A_{21}, A_{22}, A_{23}, A_{24}, A_{25})$$

可见信道中突发差错，经解交织变换器后成为随机独立差错。

3. 随机交织

无论是块交织还是卷积交织，都属于固定周期式排列的交织器，避免不了在特殊情况下将随机独立差错交织成突发差错的可能性。为了基本上消除这类意外的突发差错，建议采用伪随机式的交织，即随机交织。

伪随机交织是在正式进行交织前，先通过一次伪随机的再排序处理。其方法为：先将1个符号陆续地写入一个随机存取的存储器(RAM)，然后再以伪随机方式将其读出。可以将所需的伪随机排列方式存入只读存储器中，并按它的顺序从交织器的存储器中读出。

4. 时间交织和频率交织

考虑到无线电信道的特性，当行车速度很低进行移动接收时，时域中可能出现时间较长的深度衰落；当多径辐射只有很少的线路时延差时，在频域中可能出现较宽频率范围的深度衰落。因此，DMB-T 传输系统在时域和频域都进行了数据交织编码。时域交织编码是在多个信号帧之间进行的，而频域交织编码是在一个信号帧之内进行的。

对于交织参数的选择，在时域中受最大允许的信号时延(收、发端之间存储器时延时间之和)的限制，在频域中受载波间隔和总的可供使用的带宽的限制。交织简单地说就是将原始连续的比特尽可能地配置到相距较远的载波上，而将原始时间分开的比特安置在相近的载波上，如图 6.12 所示。

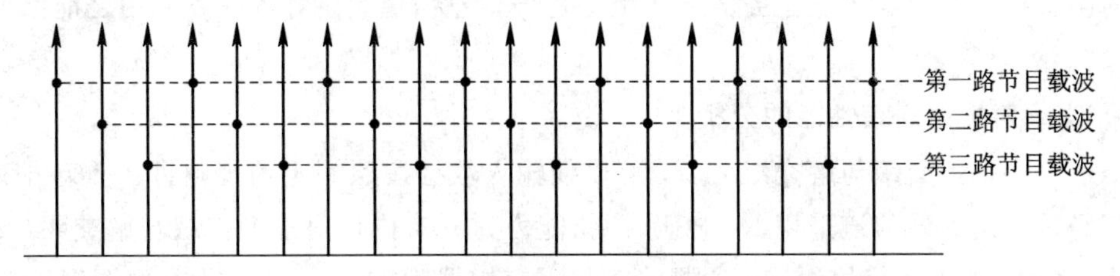

图 6.12　不同节目的载波分配在不同的频率点

时间交织器和解交织器的工作原理如图 6.13 所示。连续的串行比特流首先在一个串/并变换器中被中间存储，然后各个比特流在不同的帧中，即在不同的时刻传送，自上而下往返同步工作。图中 T_F 表示能时延的单位。

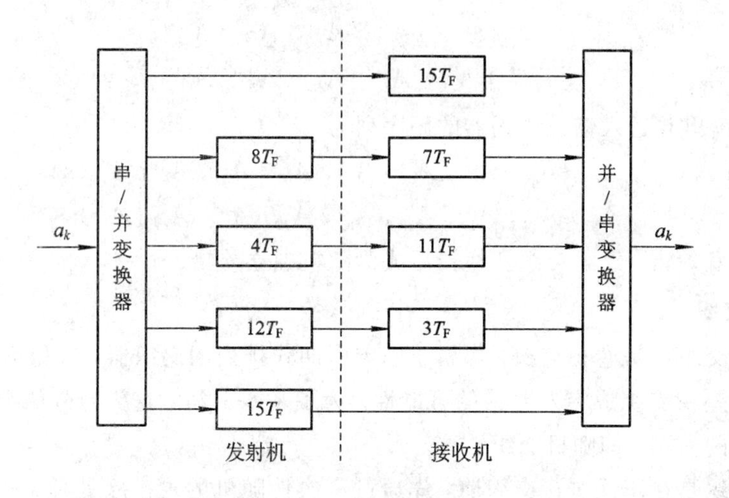

图 6.13　时间交织器和解交织器的工作原理

解交织的任务是对交织时相对时延予以补偿，并经并/串变换器重新变成一个挨一个地保持发送端原始顺序的串行数据被读出。

频率交织根据相邻的比特在尽可能远的不同载波上传送的原则，进行简单的数学上的组合排列。若不进行频率交织，相邻的比特尽管在比特的时刻点传送，若实现这种传输的载波频率保持不变，则在低速行车时移动接收或在静止接收时，对于传输频段的一部分来说也有可能产生持续较长时间的深度衰落。通过频率交织，相邻的比特安置在大于无线电信道的相对带宽的不同载波上，就可以消除这种衰落的影响，即如果形成了“块”差错，经过解交织后变为不连续的单个差错，可被纠错，具有时间和频率交织的纠错码减少单载波的衰落。

时间交织仅适用于主业务信道的所有子信道，而快速信息信道和多路复合控制信号不进行时间交织。无论是快速业务信道还是主业务信息信道，在对各载波调制之前都要进行频率交织。

5. 交织对提高纠错性能的分析

信道之中加上交织与解交织之后，可以使输入数据按照一定的规则进行重新排列，对于我们经常使用的外信道采用 R－S 码(纠错能力为 n)，内信道加上交织与解交织(交织深度为 I)之后，整个系统的纠错能力提高到 nI。交织器输入时是周期(为交织深度 I)轮流输入，一个(n，I)同步交织器在该交织器输出上的任何一个长度为 I 的数据串中不包含交织前原来数据序列中相距小于 I（交织分支数即交织深度）的任何两个数据。也就是说，在解交织时，这 I 个数据会被分散到 I 个 R－S 码字中，每个 R－S 码的纠错能力为 n，故整个系统的纠错能力为 nI。

6.4　格状编码(TCM)简介

1982 年，Ungerboeck 提出的格状编码调制技术（又称码调）将编码和调制技术有机地结合起来，传输系统如图 6.4 所示。其中内信道编码的方式之一是卷积编码（格状编码），经过卷积编码后，原来无关的数字符号序列前后一定间隔之内有了相关性。本节将简要介绍发送侧的编码调制即格状编码方法。

卷积码是 1955 年由 Elias 最早提出的。由于编码方法可以用卷积这种运算形式表达，卷积码因此而得名。卷积码是有记忆编码，它有记忆系统，即对于任意给定的时段，其编码的 n 个输出不仅与该时段 k 个输入有关，而且还与该编码器中存储的前 m 个输入有关。

卷积码是纠错码中的一种。现用图 6.14(a)所示的一种简单而实用的(2，1，3)卷积码来说明。例中所用的数码是二进制数。在卷积码(n，k，m)的表示法中，参数 k 表示输入信息码位数，n 表示编成的卷积码位数。对于图 6.14 所示的这种卷积码，$k=1$，$n=2$，即每

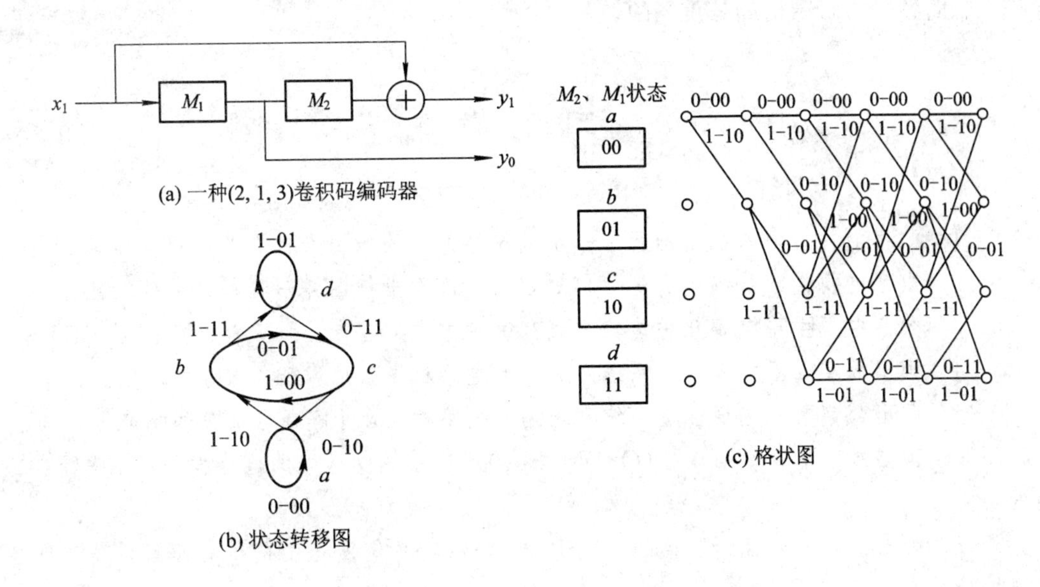

图 6.14　卷积码及格状图

输入 1 位信息码，输出 2 位码，$r=k/n$ 称为信息率。把 j 时刻输入的信息码记为 $x(j)$，这个卷积码编码器中用了一个有两个存储单元 M_2、M_1 的移位寄存器，分别存储着前两位信息码 $M_2(j)=x_1(j-2)$、$M_1(j)=x_1(j-1)$。按图 6.14(a)所示的结构，j 时刻编成的码为

$$\begin{cases} y_0(j) = M_1(j) = x_1(j-1) \\ y_1(j) = M_2(j) \oplus x_1(j) = x_1(j-2) \oplus x_1(j) \end{cases} \tag{6-8}$$

式中：$\oplus$表示模 2 和运算$(0+0=1+1=0,\ 0+1=1+0=1)$。式(6-7)可写成通式

$$y_i = \sum_{k=0}^{m-1} x_1(j-k) \cdot C_i(k) \tag{6-9}$$

式中：$\sum$ 是模 2 和累加；$m-1$ 是编码器存储单元数。这个式子说明编成码字 $y_i(j)$是输入码序列 x_i和相应 C_i 卷积的结果。图 6.14 中的卷积码编码器有：$C_0(0)=0$，$C_0(1)=1$，$C_0(2)=0$；$C_1(0)=1$，$C_1(1)=0$，$C_1(2)=1$。使用 $m-1$ 个寄存器单元时，编成的卷积码和前 $m-1$ 位码元输入码及当前码共 m 位输入码有关系。m 称为约束，本例中 $m=3$。

卷积码的编码可用存储单元 M_2、M_1状态转移图表示，如图 6.14(b)所示。2 个存储单元 M_2、M_1可组成 4 个状态(00，01，10，11)，用顶点(a，b，c，d)表示，状态转移用弧线表示，并标注编码关系 $x_1 \rightarrow y_1 y_0$，把接连的状态转移连在一起可构成格状图，如图 6.14(c)所示。从格状图可看到编码所有可能的发展路径。图中为从状态 a 开始，发展的所有可能编码路径构成的格状图，可看出从 a 点开始经过 $m=3$ 段后，已可发展到 4 个状态的任一个态，后面各段格状结构都是重复的。

习　题

6-1　数字电视传输系统由哪几部分组成？每部分的作用是什么？

6-2　数字电视传输系统信道是如何划分的？请画出框图并解释每部分的功能。

6-3　数字电视主要有哪几种传输方式？每种方式的特点是什么？

6-4　画出数字卫星电视传输系统发送端的电路框图，并解释各部分的功能。

6-5　画出数字有线电视传输系统发送端的电路框图，并解释各部分的功能。

6-6　画出数字电视地面广播(OFDM 方式)传输系统发送端的电路框图，并解释各部分的功能。

6-7　画出数字电视地面广播(8-VSB 方式)传输系统发送端的电路框图，并解释各部分的功能。

6-8　为什么要进行能量扩散？如何实现？

6-9　举例说明数据块交织、解交织原理。

6-10　画出图 6.15 所示电路的格状图。

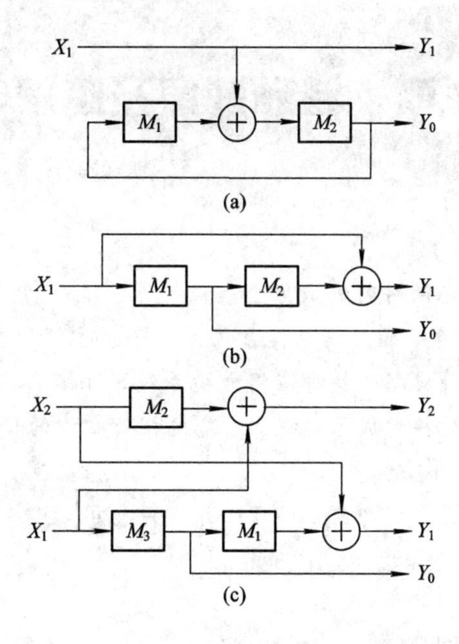

图 6.15　习题 6-10 图

第7章　特种成像及防爆电视

本章描述了红外、微光两种特种成像电视及特殊环境下的防爆电视系统。特种成像电视和防爆电视是在特殊环境下的应用电视系统，与普通的广播电视系统相比，它们有着不同的特点。下面将介绍几种典型的特种应用电视系统，对各系统的基本构成、原理和应用进行简单的描述，使大家对特种成像电视和防爆电视有初步的了解。

7.1　红外电视

7.1.1　红外线的基本概念

红外线是一种人眼看不见的光线，在光谱中位于红色光以外，其波长范围大致为0.78～1000 μm。任何一个物体，只要它的温度高于绝对零度，就会向周围空间辐射红外线。

红外线通常按其波长分为近红外、中红外、远红外和极远红外四个波段。近红外的波长为0.78～3 μm，中红外为3～6 μm，远红外为6～15 μm，极远红外为15～1000 μm。

热辐射定律：当几个物体温度相同时，各物体发射红外线的能力正比于吸收红外线的能力；当物体处于红外辐射平衡状态时，它吸收的红外能量恒等于它所发射的红外能量。

根据这一定律可推断出，性能好的红外反射体或透明体，必然是性能差的红外辐射体。

玻耳兹曼定律：物体辐射的红外辐射能量密度 W 与其自身的热力学温度 T 的四次方成正比，并与它表面的辐射率 ε 成正比。由这一定律可以看出，物体的温度愈高，红外辐射的能量愈多。

红外线在大气中传输时，大气对不同波长的红外线吸收与衰减的程度有很大差别。对波长在2～2.6 μm、3～5 μm和8～14 μm三个波段内的红外线吸收极少，常称这三个波段为红外线的“大气窗口”，它们分别位于近红外、中红外和远红外三个波段内。红外电视的工作波长应尽可能接近这三个波段。

可以透过红外辐射的介质称为红外光学材料。任何介质不可能对所有波长的红外线都透明，红外光学材料只是对某些波长范围的红外线具有较高的透过率。

许多介质对可见光是透明的，对红外辐射却是不透明的。单晶的锗材料是一种最常用的红外光学材料，可以作为红外仪器与大气隔离的窗口，也可以用来磨制各种透镜和棱镜。单晶锗的最大透过率约为 44%，在单晶锗的表面镀上一层“增透膜”后，可变得对一定波长的红外线具有很高的透过率，最高透过率可达 99%。对于波长在 1.8～16 μm 的红外辐射，单晶锗的折射率在 4.143 到 4.0012 之间变化。

多晶硫化锌是一种热压成型的红外光学材料。在波长为 1～14 μm 的范围内，其平均透过率大于 70%。多晶硫化锌不但可以热压成红外透镜或窗口，而且可用做镀膜材料，用来增加各种红外光学材料透镜或窗口的透过率。

多晶氟化镁是一种耐高温的红外光学材料，用于 3～5 μm 波长范围而且可透过可见光。对于波长为 0.598 μm 的可见光，其透过率约为 20%～30%；而对于波长为 3～6.5 μm 的红外辐射，透过率高达 90%。

红外电视可分为主动式红外电视和被动式红外电视两大类。主动式红外电视需红外光源照明，摄像机摄取目标反射回来的红外光。被动式红外电视不用红外光源照明，是利用被摄目标本身辐射的红外线成像，摄取的是物体的热分布像。

7.1.2　主动式红外电视

主动式红外电视由红外照明光源、红外摄像机和监视器等部分组成。其工作原理是用红外光源照射被摄目标，由摄像机的 CCD 传感器将目标的可见光和不可见的红外图像转换为电信号输出，在监视器上显示可见光图像。

主动式红外电视系统与一般的可见光应用电视系统基本相同，但其照明光源、光学镜头和摄像器件都是工作在近红外波段的。

1. 红外照明光源

常用的近红外光源有红外灯泡、红外发光二极管、滤光片式光源和红外激光器。

常用的红外发光二极管为砷化镓红外二极管，它具有体积小、重量轻、发射红外光均匀、电源简单、效率高等特点，其发射峰值波长约为 0.93 μm。

滤光片式光源由钨丝灯、反光罩和透红外的滤光片组成。钨丝灯的光谱响应曲线峰值在 0.8～1.2μm 的近红外区。滤光片分为胶粘合型和熔炼型两种，两种类型滤光片的峰值透过率分别为 80%和 40%左右。用卤化物灯代替钨丝灯，光谱响应曲线范围为 0.88～2.6 μm。

2. 红外摄像器件

黑白 CCD 图像传感器具有很宽的感光光谱范围，通常其感光光谱可延长至 1200 nm。利用黑白 CCD 图像传感器的这个特性，在夜间无可见光照明的情况下，用辅助红外光源照明，传感器能清晰地成像。图 7.1 所示为夏普公司的行间转移 CCD 图像传感器的光谱特性，该黑白 CCD 图像传感器的光敏单元采用了浮置 P－N 结的光敏二极管，这种光敏管用离子注入工艺制成，灵敏度高且比较均匀，但该种 CCD 传感器在强光照射下容易出现光晕和拖影现象。

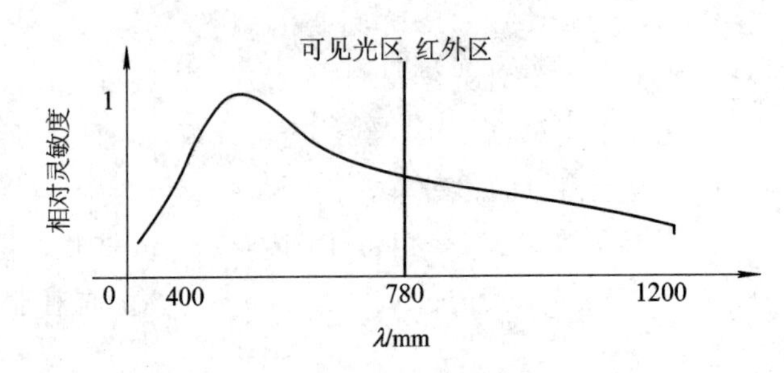

图 7.1　黑白 CCD 图像传感器光谱特性

3. 主动红外摄像机

1）主动红外摄像机的分类

常见的主动红外摄像机有分离式、内置式和一体化式三种形式。

(1) 分离式。分离式一般是分别购买红外照明光源和红外敏感摄像机。配置时，要注意红外照明光源的光谱范围与摄像机光谱特性的一致性。安装红外照明光源时，要注意投射的角度和距离，最好是在无可见光的情况下看着摄取的图像进行调整，这样才能取得最佳效果。

(2) 内置式。内置式主动红外摄像机常常是在防尘罩内摄像机四周安装红外发光二极管。这种红外摄像机安装方便，用于近距离室内监视。

(3) 一体化式。一体化式主动红外摄像机用于室外远距离扫描监视。一般是在室外型电动云台两侧固定两个远距离红外照明光源，调整云台时摄像机和红外照明光源一起旋转和俯仰，保证被摄目标受到红外照明。

2）主动红外摄像机的镜头

镜头的作用是把目标的红外辐射分布聚焦在光电传感器上。红外电视的目标距离较远，辐射能量弱，要尽可能使用大尺寸镜头。

主动式红外电视工作在 0.75～3 μm 的近红外区，普通可见光镜头在此波段内仍有较高的透过率，因此主动式红外电视可采用普通可见光镜头；如采用经过镀膜处理的硅、锗镜头，则透过率更高。在使用普通可见光镜头观看红外波段图像时，需要重新校正焦距，由于色散得不到校正，清晰度会下降；若使用通频带较窄的红外带通滤色片，图像清晰度会有所提高。

3）主动红外摄像机的应用

(1) 重要部门、保密部门、军事要地的夜间监视和夜间公安侦察。

(2) 胶卷生产的监视。利用主动红外电视摄像机可在暗室外检查胶卷生产过程中的各种瑕疵，保证产品质量。

(3) 利用半导体材料能透过红外线的特点来观察半导体器件的内部结构和缺陷。由红外电视摄像机与红外显微镜组成的红外电视显微镜能对半导体器件实现无损检测，具有分辨率高、结构简单、使用方便等优点。

(4) 利用人的皮肤和皮下组织对红外光的反射、散射、透射特性，用红外电视对眼病、肿瘤和溃疡等疾病进行观察和诊断。

7.1.3　被动式红外电视

被动式红外电视不需要红外照明光源，是对目标本身的红外辐射成像。常用的红外电视摄像机有光机扫描型热摄像机、热释电电视摄像机和凝视焦平面阵列红外摄像机三种。

1. 光机扫描型热摄像机

光机扫描型热摄像机是利用精密机械装置驱动光学扫描部件，完成对目标的扫描，摄取目标的红外辐射而成像的，所以称为光学机械扫描成像。图 7.2 是光机扫描型热摄像机的方框图。

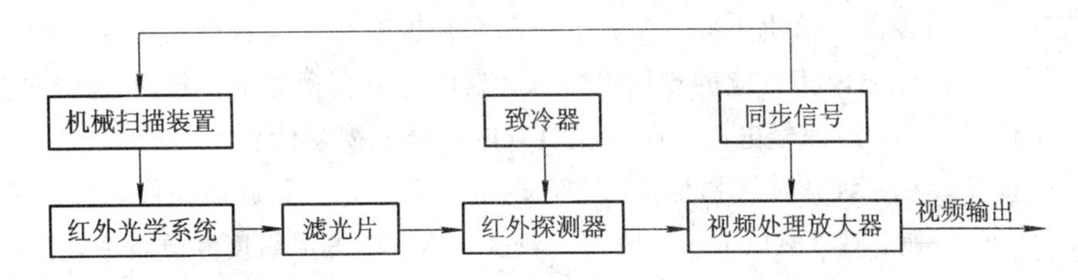

图 7.2　光机扫描型热摄像机方框图

自然界中温度高于绝对零度的物体总是在不断地进行红外辐射，只要能收集这些辐射能，就能形成与景物温度分布相对应的热图像。红外光学系统将目标发射的辐射能收集起来，经光谱滤波后，将景物的辐射分布会聚并成像到红外探测器所在的光学系统焦平面上。光学扫描器包括两个扫描透镜组，一个用于垂直扫描，一个用于水平扫描。扫描器位于聚焦光学系统和探测器之间。当扫描器转动时，从景物到达探测器的光束随之移动，在物方空间扫出像电视一样的光栅。

在扫描器以电视光栅形式扫过景物时，红外探测器逐点接收景物的辐射并转换成相应的电信号。或者说，光机扫描器构成的景物图像依次经过探测器，探测器把景物各部分的红外辐射转换成电信号，再经视频处理放大器处理后输出，送到电视监视器，在监视器上可显示表征目标温度分布的可见光图像，其明亮部分表示温度高，较暗部分表示温度低。

光子探测器的主要类型有红外光电探测器(PE 器件)、光电导探测器(PC 器件)、光生伏特探测器(PV 器件)和光电磁探测器(PEM 器件)四种。

视频处理放大器是热摄像机的重要组成部分，它将红外探测器输出的反映景物空间温度分布的微弱信号进行加工和变换，形成与景物温度分布相对应的视频信号，然后根据景物各单元对应的视频信号标出景物各部分的温度，并显示出景物的热图像。在实际应用中，还要求对图像信号作进一步处理，如图像增强、图像修复等。

光机扫描型热摄像机有温度分辨率高、灵敏度高等优点；缺点是需要复杂的光机扫描装置和液态氮制冷器，所以体积大、结构复杂、价格高。

2. 热释电电视摄像机

热释电电视摄像机是采用热释电摄像管作为摄像器件的被动式红外电视摄像机。该类摄像机能将目标的红外线辐射能量分布转换为视频信号。与光机扫描型热摄像机相比，热释电电视摄像机具有结构简单、使用维修方便、不需要液氮制冷等优点，因此得到广泛应用。

1）热释电摄像管(Pyroelectric Vidicon)

热释电摄像管的工作原理是：目标辐射的红外线经镜头投射到摄像管的热释电靶面上，引起靶单元温度的改变，靶上各点不同的温度使晶体的自发极化各不相同，因而由热释电效应所释放的表面电荷也不同，形成了空间和强度变化都与目标相同的电荷图形，即在靶面上形成与目标热像相对应的靶面电位像；当电子束在靶面上扫描时，就在信号电极电路内产生信号电流，经信号电极电路的靶负载电阻形成视频信号。

热释电摄像管是一种热成像摄像器件，它在常温下工作，能宽谱成像，因其光学系统和靶面吸收层的限制，在 8～14 μm 波段用得较多，具有中等灵敏度和分辨率，体积小，可靠性高，成本低。有些晶体(铁电体)具有自发极化特性，极化程度与温度有关。在晶体薄片垂直极化轴的表面产生的电荷积累与温度变化成正比，这就是热释电效应。

2）热释电电视摄像机的应用

热释电视像管只对温度的变化率敏感，为了对静止目标成像，必须将输入信号调制。常用的调制模式有平移调制模式和斩波调制模式。

平移调制模式是在使用中不断移动摄像机，摄像机与目标间产生相对运动，热释电摄像管上所接收的目标红外辐射随时间而变化，形成视频信号。平移调制模式摄像机灵敏度高，所示整机结构简单，但目标呈移动状态，影响观察。

斩波调制模式是在热释电摄像管前装有由透明的和不透明的栅格组成的调制盘。当调制盘运动时，就对目标像产生了调制，使透过调制盘的像随时间而变化。这样，将入射的红外辐射进行周期性斩波调制，输出交变视频信号。斩波调制模式摄像机灵敏度较低，但产生的图像位置稳定，视场不变，因有调制盘，所以整机结构复杂，热释电摄像管输出的等幅度正负交变信号需有专门的电路来处理。

热释电电视摄像机在常温下工作，不需照明设备，透灰尘及烟雾的能力强，可以对 3～5 μm 和 8～14 μm 光谱范围的热目标进行成像显示，分辨目标的温度分布和形状，测量目标和背景之间的温差，具有准确、直观、方便等优点，适用于电力、冶金、化工、消防、医疗等部门应用。

在自动化生产过程中，利用热释电电视摄像机，可对一些重要部位和设备进行温度监测。例如，在钢铁企业对高温炉进行监测，可看到炉体的温度分布和炉温的变化，发现炉体的损坏。在发电厂对电气设备进行监测，可及时发现过热故障和隐患。

发生火灾时，消防人员用热释电电视摄像机可在浓烟和黑暗环境中寻找救护目标，探测火源位置。在医疗方面，用热释电电视摄像机可以检查早期乳腺癌，检查人体一些器官的病变，检查人体烧伤的度数及植皮等情况。

7.2 微光电视

当我们从电视节目《动物世界》中看到夜间丛林中各种动物生活秘密的时候，一定会惊叹于摄像师高超的本领，利用夜幕掩护来接近动物充满了危险，怎样在漆黑的夜晚摄取清晰的图像呢？这就要靠微光摄像机。

微光电视的关键设备是微光摄像机。微光电视系统中的其他设备与普通电视系统是完全一样的。

7.2.1 微光电视的特点

微光电视就是能够在人不能看清景物的条件下，产生清晰图像的电视系统。比如能在星光条件下(10^{-4} lx)工作的摄像机，在这样的光照下，人眼已无法看清楚景物，而微光电视系统能够在这样的条件下摄取高质量图像。由于摄像器件的迅速发展，摄像机的灵敏度提高很快，可以在黄昏环境下(10^{-2} lx)工作的摄像机品种很多，价格也很低廉，一般称之为低照度摄像机。由于摄像器件的迅速发展，摄像机的灵敏度提高很快，已把它列入通用摄像机的范畴。

微光电视提高了人眼在微光条件下的可见度，也提高了观测目标的清晰程度，但也有一定的局限性。微光电视的主要特点有：

(1) 微光电视增强了从目标反射的光线，在可见光范围内，提高了人眼的可见度。不同于非可见光电视和其他夜视手段，它是一种被动的、通过自身的增强作用来实现夜视功能的手段，利于保密。

(2) 虽然提高了灵敏度和分辨力，但图像效果达不到白天观察时的效果，因为在微光条件下，景物本身的对比度和清晰度降低，色彩消失，而光的增强过程会引入新的噪波。

(3) 微光电视分辨目标的能力会受到气候条件的影响。例如，在烟、雾、雨、雪中，微光电视所产生的图像并不比人直接观察或使用光学设备观察的效果好，若没有上述影响，微光电视的图像就会远远优于人眼和光学设备。

(4) 用微光电视系统摄取图像，便于传输、记录，可实现远距离的观察和遥控。

(5) 微光摄像机的价格高，使用寿命也低，使用时需要注意的问题多，在应用上受到一定的限制。

7.2.2 微光像增强器

微光像增强器作为一种光增强器件，能够把较弱的输入光学图像转换为相似的、比较明亮的光学图像。像增强器是一种电真空成像器件，主要由光阴极、电子光学系统和荧光屏组成。像增强器把入射光成像在光阴极上，再从光阴极上发射光电子，并用几千伏的电压加速光电子，使在输出屏聚焦的图像得到增强。把它与CCD摄像器件耦合起来就可以提高摄像器件的光电灵敏度，实现微光摄像。微光像增强器本身也是一种直接观察的夜视器件。

像增强器的种类很多，按工作方式可分为连续工作、选通工作和变倍工作像增强器；按像管结构可分为近贴式、倒像式、静电聚焦式和电磁复合聚焦式增强器；按发展阶段则分为第一代级联式像增强器、第二代光纤面板阴极窗带微通道板的像增强器、第二代半玻璃阴极窗带微通道板的像增强器和第三代负电子亲和势光阴极像增强器。目前像增强器又出现了用第三代近贴管与第一代倒像管级联构成的超级倒像管(或称杂交管)，它工作在$10^{-4}\sim10^{-5}$ lx极低照度下，增益达10^{5}。

目前像增强器大部分带有光纤面板，可以方便地与CCD摄像器件直接耦合，根据CCD摄像器件成像面的大小分为直接耦合与光锥耦合两种，后者适用于小成像面CCD摄像器件。图7.3给出像增强器与CCD摄像器件耦合的示意图，人们通常用I表示像增强器，用I的幂次表示像增强器耦合的级数。

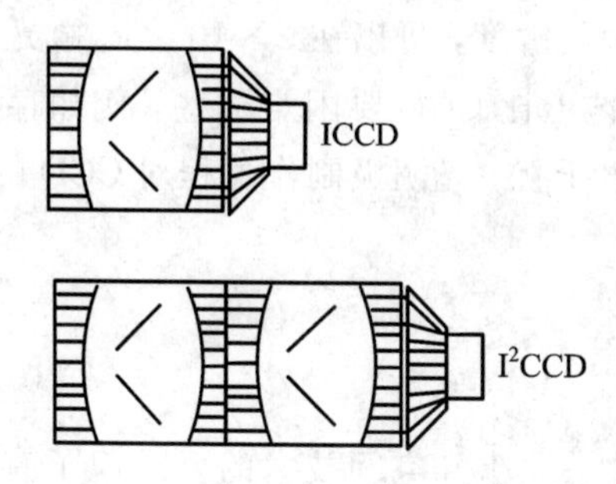

图 7.3　像增强器耦合 CCD 示意图

像增强器之间的耦合是通过它们的输出光纤面板和输入光纤面板直接进行的，除了接合损失外还有光纤耦合中所引起的损失，一般耦合效率在 25%左右。

像增强器与 CCD 摄像器件耦合后，可以得到很高的灵敏度，但同时也引入了噪波，输出图像的信噪比下降。多次光电转换过程也会导致分辨力的下降，若 CCD 摄像器件的极限分辨力为 800 线，ICCD 的分辨力为 600 线，I^2CCD 的分辨力会降至 500 线。

微光条件下使用的 CCD 固体摄像器件往往还要采取下述措施：

(1) 低温。在 24 ℃常温下，CCD 的暗电流可以限制在 1 $\mu A/cm^2$，在低温(−20～−40℃)时，可以把器件的噪声降低至原来的 1/100 至 1/1000。当 CCD 器件被冷却到−100℃ 时，每个像素的有效读出噪声仅为 15 个电子，因此可以工作在 10^{-3} lx 的微光条件下。

(2) 慢扫描。当暗电流被控制在极小的数值后，可以采用慢扫描方式来积累信息以提高灵敏度。例如，400×400 像素 CCD 的视频带宽为 10 kHz，每帧时间为 16 s。

(3) 帧转移结构。采用帧转移结构的最大优点是光敏成像区的每个单元都参与了图像信息电荷的产生和积累，因而灵敏度较高，其有效光敏面积比行间转移结构要大一倍。

(4) 背面光照。对于帧转移结构可采用背面照射的方法提高灵敏度。在 0.5～1.0 μm 的光谱范围内，背面照射的调制传递函数和量子效率都要提高不少，其灵敏度可以接近硅靶摄像管的数值。

(5) 埋置沟道。有别于普通表面沟道器件，微光 CCD 器件可采用埋置沟道传输方式(BCCD)。在这种结构中，在输出二极管上加有足够大的反偏压，使 P 区表面全部耗尽，信息电荷在离开硅界面相当深的体内进行存储和传输。这样可避开表面对电荷的俘获，减少信息电荷的传输损失，极限随机噪声得以大大降低。

(6) 图像增强 CCD(I^2CCD)。在 CCD 前面加上光的增强或电子增强，既可以采用级联管，也可采用微通道管，以达到提高图像探测灵敏度的目的。电子轰击增强 CCD(EB－CCD)的方式有三种，即倒像式、近贴式和磁聚焦式。如果采用缩小倍率的电子光学系统，可以使 EB-CCD 具有极高的探测灵敏度，可以在 2×10^{-4} lx 微光下工作，甚至可以用来记录光子。EB-CCD 在技术和工艺上比 CCD 要困难一些，例如存在硅片的减薄，暗电流的增大，与 CCD 管座的焊接，静电干扰，光阴极制作过程对 CCD 的劣化等问题，但这些问题都正在逐步得到克服。

7.2.3 微光摄像机的应用

在微光电视的发展过程中，军事和空间技术的要求起了有力的推动作用，军事是微光电视重要的应用领域。由于技术的发展和价格的下降，微光电视在民用方面也被广泛应用。

(1) 军事应用：用于侦察、训练和实战行动。海湾战争中，美、英等国的部队拥有先进的夜视设备，便于采取夜间行动，一直掌握着战争的主动权。微光摄像机应用于导弹制导、侦察、目标搜集等方面，对战争的进程有着重要的作用。

(2) 空间技术应用：用于传递星球的信息数据和进行宇宙飞船工作状态的监测。

(3) 公安业务应用：用于夜间侦察、夜间监控和安全防范等方面。

(4) 民用应用：如夜间摄像和天文观测等方面。

值得一提的是，目前摄像机的灵敏度越做越高，一般低照度黑白或彩色摄像机的最低照度能达到 0.01 lx 以下，日本 Watec 公司制造的 WA-902H 型超低照度黑白摄像机的最低照度能达到 0.0003 lx。在具体应用中，如果能用这些摄像机来达到预定目标，则应尽量少用微光摄像机以降低工程造价。

7.3 防爆电视设备

石油、化工、煤炭等行业在生产过程中可能会泄漏出各种各样的易燃易爆气体、液体和粉尘，这类物质与空气混合后，成为具有爆炸危险的混合物，当混合物达到爆炸浓度时，一旦出现火源就会引起爆炸。

为防止电气设备火花引起爆炸，已经研制出隔爆型、本质安全型、增安型、正压型、充油型、充砂型和无火花型等多种类型的防爆电气设备。防爆电视设备方面国内主要有隔爆型、本质安全型、隔爆兼本质安全型(复合型)等。

防爆电视设备根据国家标准的规定按使用环境可分为两类。用于煤矿井下的防爆电视设备为Ⅰ类设备，用于工厂的防爆电视设备为Ⅱ类设备。在Ⅱ类设备中，按其适用于爆炸性气体混合物的最大试验安全间隙或最小点燃电流比可分为 A、B、C 三级，并结合应用电视的特点按其最高表面温度又可分为 T6、T5、T4 三组。

7.3.1　防爆电视设备的通用要求

1. 环境温度

防爆电视设备均对环境的温度及湿度有严格的要求。Ⅰ类设备表面堆积粉尘时，允许最高表面温度为＋150℃。Ⅱ类设备 T4、T5、T6 三组的允许最高表面温度分别为 135℃、100℃、85℃。对于总表面积不大于 10 cm^2 的部件(如本质安全型电路使用的晶体管或电阻)，其局部最高表面温度相对于实测引燃温度具有＋25℃安全裕度时，该部件的局部最高表面温度允许超过防爆设备上标志的组别温度。

2. 接地装置

防爆电视设备绝缘损坏后，带有危险电压，在外壳接地不良的情况下，可能产生漏电火花引起爆炸性混合物的爆炸，所以防爆电视设备可靠接地是确保安全的重要措施。

设备的金属外壳须设有外接地螺栓，并标志接地符号。携带式和移动式的设备可不设外接地螺栓，但必须采用有接地芯线的电缆。设备接线盒的内部也应设有专用的内接地螺栓，并标志接地符号(电压不高于 36 V 的设备除外)。对无必要接地或不允许接地的设备，可不设内、外接地螺栓。Ⅱ类本质安全型设备可只设专用外接地螺栓。接地螺栓应采用不锈材料制造，或进行电镀等防锈处理。

3. 设备的标志

防爆型式的标志为：隔爆型设备“d”，本质安全型设备“ia”或“ib”。在设备外壳的明显处，应设置清晰永久性凸纹标志“Ex”，小型设备可采用标志牌铆在或焊在外壳上，也可采用凹纹标志。

同时在设备外壳容易看见的地方还应设置铭牌，并可靠地固定。铭牌上应有下列内容：其右上方标有明显的标志“Ex”，并顺次标明防爆型式、类别、级别、温度组别等，标明防爆合格证编号、产品出厂日期和产品编号及产品标准中指出必须注明的内容。

本质安全型设备的关联设备铭牌应增加下列内容：最高允许电压、最大短路电流、最高开路电压、外部连接导线或电缆的允许分布电容(C)和电感(L)或电感与电阻的比值(L/R)、关联设备型号和规格及电池型号和规格。小型设备允许减少标注内容，但须在使用说明书中注出。铭牌、警告牌应用青铜、黄铜或不锈钢制成，其厚度应不小于 1 mm。各项标志应清晰、易见，经久不褪。

7.3.2　防爆电视设备的设计

在煤矿井下和工厂等具有爆炸性气体的危险场所进行电视监控时，防爆监控系统框图如图 7.4 所示。

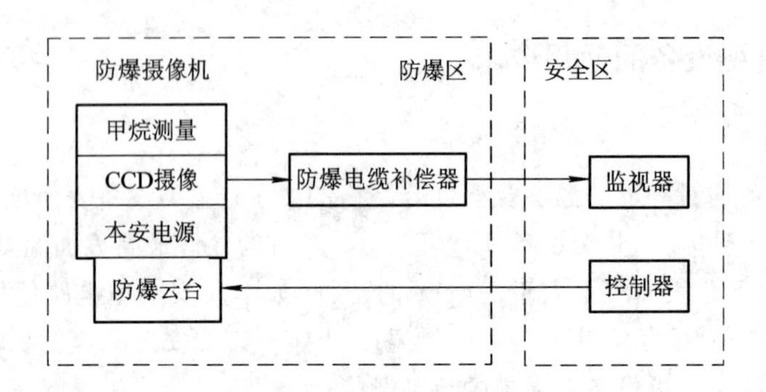

图 7.4　防爆监控系统方框图

摄像机是防爆摄像机，摄像机可与甲烷检测探头相配合，把甲烷检测与摄像合二为一。在实现电视监视的同时，可遥测现场危险气体的浓度值，在终端监视器显示的现场图像上叠加甲烷气体的浓度值。这种摄像机通常由摄像、甲烷测量、本安电源等几部分组成，其防爆型式为复合型，即隔爆兼本质安全型，也就是外壳为隔爆型结构，提供给甲烷检测探头的电源为本安电源。

云台是防爆云台，是为了对现场进行全方位的监视而配置的，采用隔爆型结构。通常由上壳体(内装俯仰用的低速同步电机及传动部件和限位装置)、下壳体(内装水平旋转用的低速同步电机及传动部件和限位装置)、传动连接部分和安装固定基座四部分组成。

电缆补偿器是防爆电缆补偿器。当防爆监控系统用同轴电缆进行长距离(2.5 km 以上)视频传输时，在安全区终端加电缆补偿器不足以补偿电缆损耗时，需在防爆区加置防爆电缆补偿器，通常采用隔爆型结构，由隔爆主腔和接线腔组成。

监视器和控制器一般都在安全区，采用通用型式。

7.3.3　井下监测监控系统简介

目前在煤矿生产的安全控制中已广泛使用各种安全生产监测监控系统，包括危险气体浓度(主要指瓦斯浓度)的监控、各种危险压力数据的监控、设备运行状况的监控、通风状况的监控、视频监控等系统。现阶段的煤矿井下防爆视频监控系统主要是将煤矿井下特殊场合的声音、视频信息反馈到地面监控调度室，工作人员在地面根据观察到的井下情况作出判断并加以处理、控制。

煤矿井下视频监控系统的防爆产品主要集中在摄像单元，如摄像仪防护罩、云台、解码器外壳等部分设备，利用这些防护设备对监控系统进行保护。

典型的防爆监控系统如图 7.5 所示。

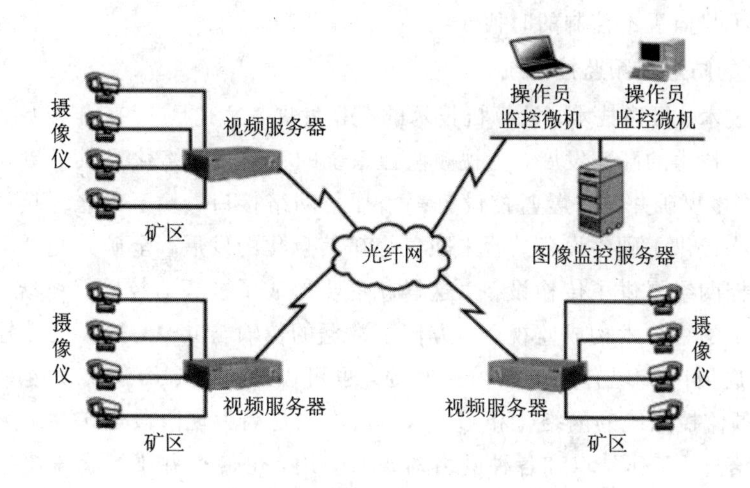

图 7.5　基于局域网的煤矿井下视频监控系统

该系统最大的特点是采用了网络技术构成监视网，方便了数据的传输与共享。这种系统可以构成某一范围内的局域网，从而实现有限范围内的监控。

1. 早期防爆视频监视系统

最早期的煤矿防爆视频监视系统多以摄像仪与监视器(电视)一对一的监视系统为主，其工作原理是：将井下防爆摄像仪与地面监控室监视器或调度室电视屏通过井下视频电缆一对一直接相连，有多少个摄像仪就有多少个监视器。该系统监控设备繁多、复杂，没有任何技术含量，是闭路监视系统发展的最初阶段，其主要目的还是以监视为主。后来出现了控制器、视频服务器、变倍镜头及云台，使得多个井下防爆摄像仪监控画面通过视频电缆进入地面视频服务器，这样就可以共用一台监视器相互切换监控画面，或者共用一道电视墙来对井下各场所进行实时监控。由于引入了云台，井下人员可以根据井下实时情况来控制井下防爆摄像仪的监控方向，进一步扩大了监视范围。此时的切换控制电路因受技术的限制，只是简单的硬件电路组合，视频切换和控制还是分开独立的，所以视频监控系统的性能和功能都不强大。

2. 防爆视频监视控制系统

20 世纪 90 年代，随着计算机多媒体技术的发展，开发出了防爆视频监视控制系统。该系统通过视频捕捉卡将一路视频采集到计算机进行显示，以此为主，建立一套完善的软硬件结合的系统，将视频监视中采集到的声音、视频信号通过开发的图像分析处理系统软件进行分析处理，然后根据处理的数据与指定的控制数据相对照，根据结果操控井下的云台及镜头，自动或者人为地把控制等具体行动有机结合起来，使得煤矿井下防爆视频监控系统真正摆脱了只监视不控制的时代。

3. 网络化的防爆视频监控系统

随着电视技术、摄像技术、计算机技术的迅猛发展，尤其是1994年以后，网络技术的迅猛发展及通信技术的高速发展，为视频监控系统的完善和网络化提供了更加广泛的技术基础，因此，许多煤矿井下防爆监控设备都增加了网络接口，甚至是光纤接入功能，为煤矿井下监控网络提供了硬件设备。后来随着煤矿信息化的发展，全矿井光纤环网的配置又为煤矿井下监控网络提供了传输设备，这样就逐步形成了视频监控网络系统。该系统最大的特点是采用了网络技术构成监视网，方便了数据的传输与共享。这样的监控网可以构成某一范围内的局域网实现有限范围内的监控，也可以进入Internet实现更大范围内的监视。现阶段视频监控系统的网络化相当普及，这主要是因为现阶段煤矿井下大多采用光纤采集井下各种信息，工作站点和各种网络构架的运用，也使得井下数据采集、上传与控制信号的下传、反馈更加有效。这不仅让视频监视与控制结合更加紧密，还使视频监控系统功能更全、稳定性更高。

4. 防爆视频监控系统的无线移动化

无线局域网络的运用是构建数字综合无线局域网络系统的无线通信平台的基础，而无线网络的优势是布线简单、成本低；信号通过微波传输，降低了系统成本和施工难度；信号抗干扰性强，不易失真；系统设备可以将高清晰的摄像头信号高保真地传送，其传输速度快，没有延时；采用2.4 GHz和5.8 GHz频率技术，可以在较远的范围内传输，而且可以添加放大器或者无线数字微波中继传输机以延长传输距离，监控距离可达数十千米；后期维护简单方便；系统结构简单，如果有新增节点加入不用重新布线，只需插入到主干电缆上即可，出现故障查找容易，维护方便，简单可靠。现阶段主要用于煤矿井下无线接入的网络类型有GPRS、GSM、CDMA、WiFi、Zigbee等。但基于井下复杂的环境与无线传输的局限性，煤矿井下监控系统的无线传输尤其是视频监控系统的无线传输技术还不成熟，因此，煤矿井下的防爆视频监控系统的无线灵活化还有待开发与研究。而地面的无线监控不受这些影响，完全可以开发出更完善、更灵活的移动监控网。

习　　题

7-1　简述热辐射定律。

7-2　简述微光电视的特点。

7-3　防爆电视设备有哪些要求？

第 8 章 数字电视应用技术与发展

数字电视在其他领域也有广泛应用，在未来，数字电视有着广阔的发展方向和应用空间。

8.1 水下电视

水下电视是将摄像机置于水下，对水中目标进行摄像的应用电视。用于水下侦察、探雷、导航、防险救生、资源调查勘探等。随着国民经济的发展，对海洋资源正在进行全面开发利用，水利工程规模越来越大，水下电视是海洋开发和水下工程必不可少的探测工具。

8.1.1 水下电视分类

我国海岸线长达 18 000 km，水下电视绝大部分是供水深在 300 m 以内的大陆架使用。水下电视按功能分主要有以下四种。

1. 携带型

携带型水下电视由潜水员携带在 30～40 m 的浅海使用。为携带方便，电视摄像机的重量设计成只有 1～2 kg，并且装有水中稳定翼，图像信号用电缆送到船上；电缆要尽量细，耐张力大，且应具有挠性；摄像机的稳定靠潜水员来维持。操作携带型水下电视具有较大的故障偶然性和危险性。

2. 固定型

固定型水下电视的摄像机和照明灯具一起安装在框架上，用钢缆吊着降到海底，固定于海底的架台上，在船上进行遥控操作。因海流产生振动和摇动，另外海面波浪拍动船只，带动缆绳，会影响摄像机的稳定性，通常用可动稳定器叶片和调整箱(里面装有移动性重物如水银等)来保证姿态稳定并防止摇动。

在不很深的场合可用固定的升降机构代替钢缆，升降机构用来布放和回收水下灯具及水下摄像机，通过电动机来调整灯具和摄像机在水中的深度，以便获得最佳水下摄像视场角。升降机构主要由水下部分和水上的绞车两部分组成。水下部分包括两根固定滑轨、四个滑轮和与滑轮连接杆组成的固定架。水上部分包括电机、减速器、绞盘、转向滑轮等。绞盘连接在一根与标准减速器的出轴相连的转轴上，钢缆跨过一个转向滑轮将升降架与绞盘连接起来，这样通过转动绞盘，就可实现升降机构的升与降，使摄像机定位在精确位置上。

3. 拖曳型

拖曳型水下电视的摄像机和照明灯具安装于平台或框架上，由船舶以 1～2 海里/小时的速度拖曳，可用于海底调查和探索等。

4. 遥控式水下电视摄像装置

遥控式水下电视摄像装置是最先进的，配备有多个水中推进器，可在船上进行遥控，通过控制水下电视摄像装置两侧推进器的输出功率，可以进行前进、后退、转向等操作；利用射流控制技术控制海水喷射可以调整装置的方向和姿态，采用转头式推进器和调节平衡箱中的海水等方法可以控制装置在水下的深度。

8.1.2　水下电视的技术问题

不同用途的水下电视有各种技术问题。共同的问题有以下几方面。

1. 水中光的衰减对图像质量的影响

在水下，光的衰减非常大，衰减现象随海水的性质以及浮游生物和其他悬浮物的不同而变化，波长较长的光衰减较大。光在水中传播时，随距离增加按指数形式衰减。

水中浮游生物、悬浮物等的存在引起光的散射现象，使水下物体图像的对比度下降，图像容易变得模糊，这就像地面上雾很大时会使能见度减小一样。

2. 水中照明

一般来说，太阳光只能达到水下 20～30 m，因此水深超过 20 m 都应使用人工照明，而在透明度差的海域不到这个深度也需照明。

1）光源的选择

在透明度大的水域，波长长的光衰减大，选择波长短的光源可获得更佳的照明效果。在透明度较差的水域，散射光随水中污浊物质的增加而增强，散射强度与光波长的 4 次方成反比，应选择较长波长的光源。

2）照明灯的位置和方向

如照明灯放在电视摄像机附近，由于电视摄像机和被摄物体之间的污浊粒子产生散射，投射光传播到被摄物体前被明显衰减，图像对比度变弱，甚至看不到图像；而照明灯靠近被摄物体时，投射光引起的散射很小，同时照射角度大，入射到摄像透镜的散射光少，被摄物体的反射光增强，可增强图像的对比度。

3. 摄像机与镜头的选择

摄像机应选用高灵敏度低照度CCD摄像机，必要时采用微光像增强器。摄像时要缩小与被摄体的距离，又要进行大面积观察，应选用广角镜头；考虑到大气和水分界面的折射率(约4/3)，镜头视角在水中为空气中的3/4，更应采用短焦距的广角镜头；另外要求镜头有尽可能高的透射率。

4. 水下摄像机、镜头与信号传递方式的选择

1) 水的折射率与光学系统的选择

由于水的折射率比空气大，电视摄像机的画面视角在水中要比在空气中窄1/4，为空气中的3/4。为了能在较广泛范围内观察被摄物体，水下电视的摄像机必须选择广角透镜。另外，透镜要求有尽可能高的透射率。

2) 灵敏度和摄像机的选择

由于水中亮度不够，用人工照明加以补偿是可以的。但是，提高摄像机本身的灵敏度也是十分重要的，因此需要考虑摄像机的选择问题。

过去一般都采用调整简便的光导摄像管，但它在图像残留、灵敏度方面有不足之处。目前多采用CCD摄像机，它具有体积小、重量轻、功耗低、可靠性好、无烧伤现象、能抗震以及光谱响应宽等优点，正被广泛地应用。由于种类多，还可以挑选高灵敏度的CCD摄像机。

3) 视频信号传递方式的考虑

水中传送视频信号通常使用同轴电缆。在深度大于300 m场合下使用时，高频分量损失较大，要在接收端加电缆补偿器。在数千米的深处使用时，还要提高由摄像机发送信号的高频电平，同时在接收端进行高频补偿。为增加使用深度，还可用FM和PCM方式来提高视频信号的传送质量。此外，还有所谓采用窄频带方式和低速扫描方式等提高传送质量的措施。许多国家正在进行利用水声信道无缆传送水下电视图像信息的实用化研究。

水下电视摄像机的机动性要比陆地上差得多，所以视频信号的传送要作多种考虑。图像信号的传送通常使用同轴电缆，电视摄像机的图像信号的带宽通常从直流到数兆赫，在数千米的深处使用时，要提高由摄像机发送信号的高频电平。在接收端也同样采取高频补偿的办法。深度再增加时，则要考虑采取调频方法或脉码调制办法，以防止在传输中信号恶化。

5. 水密结构和防腐

水下电视的整个水下装置必须完全密封及防腐蚀。水压以10 m/kg的比例增加，水密设计和加工特别要注意电缆连接处。水密部分利用O型环密封，重要的地方还需采用双重密封。照明灯的插座部分的水密也是重要的，为了防备灯泡损坏时海水通过照明电缆浸入摄像机的机箱中，要使用特殊的连接器。摄像机机箱内要安装海水浸入和电气短路的检测装置，在海水浸入时启动船上的报警蜂鸣器，进而自动切断电源。

8.2 X 线电视

8.2.1 X线

X线即X射线，不属于可见光范围，是波长极短(1 pm～10 nm)的电磁波。X线能够穿透物体，穿透力除与波长有关外，还与物质密度有关。X线通过高密度物质时，大部分射线被吸收；而对低密度物质，则大部分射线能通过。X线的这种特性可以帮助我们透过低密度的箱子看到箱内高密度的武器，透过低密度的皮肤和肌肉看到体内高密度的骨骼。

X线可使胶片感光，感光胶片冲洗成底片后可长期保存。经X线摄影(拍片)后的骨骼伤害和肺部病灶底片可作为治疗过程中的重要参考资料。

X线照射某些化合物结晶体时产生黄绿色荧光，利用这些物质制成荧光屏，X线穿透人体有关部位后在荧光屏上的图像用来进行透视诊断。X线照射人体组织时，细胞分子被电离分解受到破坏，有关工作人员若长时间受少量X射线照射，会因X射线的蓄积作用而在不知不觉中受到伤害，必须注意防护。X线电视是使有关工作人员远离X射线而又不妨碍工作的唯一手段，因而在医疗、工业、公共安全和科研等方面得到了广泛应用。

8.2.2 X线电视系统

X线电视系统由X线源、像增强器、光学系统、摄像机、控制器和监视器等设备组成，组成框图如图8.1所示。系统中的关键器件是像增强器，也需要用较复杂的光学系统，摄像机、控制器和监视器与通用型的摄像机、控制器和监视器工作原理一致，性能稍有不同。

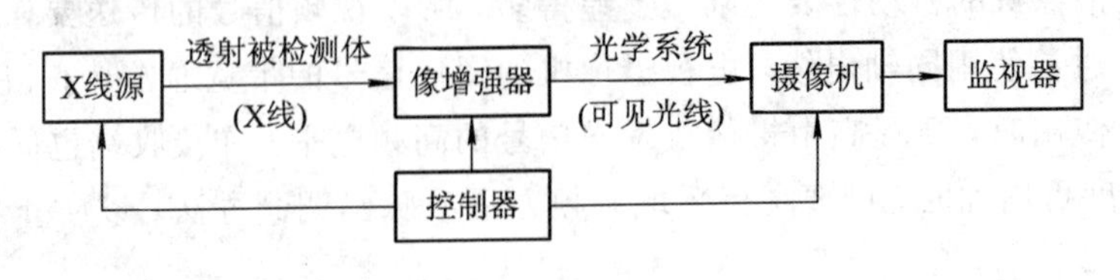

图8.1　X线电视系统方框图

1. X线像增强器

X线像增强器是一种多电极静电聚焦电子光学器件。X线图像经它转换为可见光图像，并将图像亮度增强。

2. 光学系统

像增强管输出的可见光图像还要摄像、拍片，故需配上由转像系统、直角反射器和光分配器构成的光学系统。

3. 摄像机

X 线电视摄像机与通用电视摄像机的不同点主要有：

(1) 圆消隐。为充分利用图像增强管有效视野和摄像机 CCD 传感器的光敏区，为符合医疗单位的观察习惯，医用 X 射线电视摄像机均采用圆消隐，即在监视器荧光屏中央的一个圆的范围内观看图像。

(2) 宽高比为 1∶1。与圆消隐相适应，医用 X 线电视摄像机扫描光栅的宽高比不是 4∶3，而是 1∶1，这样还可以充分利用视频通道的信息传输能力。在视频通道带宽相同、电子束聚焦正常的情况下，采用 1∶1 的宽高比后水平分辨率得到提高。

(3) 较高的分辨率和亮度鉴别等级。为了能够发现被检测物体密度的极小差异，X 线电视摄像机必须有较高的亮度鉴别等级和分辨率。水平中心分辨率应达到 800 线，故要求整个视频通道的带宽高于 10 MHz。

(4) 控制器。在 X 线电视系统中，X 线是穿透密度不同的被检测物体后到达图像增强器输入屏的，不同的被检测物体对 X 线的吸收不一样，所以到达图像增强器输入屏的 X 线剂量不同，引起输出屏图像亮度差别很大，以致监视器荧光屏上不同被检测体的图像亮度差别明显。同一被检测物体各部位密度也不同，所以被检测体各部位图像亮度差别也很明显。

自动亮度控制就是当被检测体对 X 线吸收量发生变化时，变动 X 线机产生的 X 线剂量，以保证图像增强器输出屏亮度保持恒定，最终使得监视器荧光屏上的被检测体图像亮度保持恒定。

8.2.3　X 线电视系统的应用

X 线电视系统的应用主要是在医疗方面。根据使用特点，X 线电视系统可分为诊断机、定位机和治疗机。

(1) 诊断机。诊断是用 X 线机配上图像增强器、光学系统和电视设备组成 X 线电视系统，这种系统不必在暗室工作，X 线剂量大约只有普通 X 线机的 1/10。供透视用的隔室透视机和供特种检查用的遥控 X 线机使医生完全脱离 X 线，前者将图像增强器和 X 线机球管固定，从而控制透视人体方位的上、下、左、右移动；后者设有可在三维空间运动的摇栏床并带有机械手。这两种设备配上 X 线电视系统可实现医疗诊断。

(2) 定位机。对肿瘤患者进行放疗前必须对病灶准确定位，为此专门生产出一种模拟定位机，这种设备也必须配上 X 线电视系统。

(3) 治疗机。各种各样的 X 线电视系统也出现在临床科室，成为外科医生们手术治疗中的重要手段。例如，骨科机用于在 X 线下进行骨科手术；导管机用于在 X 线下进行心血管导管、安装起搏器；碎石机则是为粉碎胆结石、肾结石和输尿管结石而设计的，所有这些设备都离不开 X 线电视。

8.3 新型数字电视终端

8.3.1 超薄液晶电视

目前，液晶电视已经代替阴极射线管电视机成为电视接收机的主流，液晶电视是在玻璃板间注入液晶，板上的网目状透明电极通过施加电压来显示活动画面。随着技术的不断进步，超薄平板电视技术获得突破性进展。从 TCL 推出厚度为 7.2 cm 的“薄绝”电视，到海信的 5.5 cm，再到康佳仅为 3.5 cm 厚的 i-sport 68 系列液晶电视，国产彩电越来越薄，说明中国平板电视设计技术在不断进步。

康佳 i-sport 68 和日立 Wooo 是目前市面上最薄的液晶电视(均为 3.5 cm)，这两款超薄平板代表作的最大不同是，日立采用了“分体式”设计，将诸多部件以外置盒的形式独立开来；康佳则解决了电路板、电源和解调器“三大块头”的瘦身难题，率先实现了超薄“一体化”。

“一体化”超薄平板势必要重新进行结构的优化和电路的设计，元器件的采用和布局尤为关键。以康佳 i-sport 68 系列为例，其更高效节能的微小电源逆变器解决了普通电源占用大块空间的问题。基于集成式低功耗 IC 的镶嵌式前置安装工艺就直接释放了 3 cm 的厚度，实现了整机一体化。

8.3.2 3D 立体液晶电视

所谓 3D 电视，是在液晶面板上加上特殊的精密柱面透镜屏，经过编码处理的 3D 视频影像独立送入人的左、右眼，从而令用户无需借助立体眼镜即可裸眼体验立体感觉，同时能兼容 2D 画面。

与 3D 电影相比，3D 电视具有更加明显的优势。观看 3D 电影时，观众必须戴上眼镜才能看到立体画面，而随着 3D 技术的不断精进，搬进家庭客厅的 3D 电视机，在不需要佩戴眼镜的情况下也可用肉眼很好地观看。即将推出的新一代 3D 电视机更有望在可视角度、屏幕解析度方面有长足的进步。

目前 3D 显示技术可以分为眼镜式和裸眼式两大类。眼镜式 3D 技术又可以细分为色差式、偏光式和主动快门式，也就是平常所说的色分法、光分法和时分法。色差式、偏光式技术主要为投影式屏幕所使用，主动快门式技术在 3D 电视、3D 电影上都有使用。裸眼式 3D 技术目前则基本为 3D 电视专有。

8.4　数字电视发展展望

随着科学技术的飞速发展，数字电视以其卓越的画质和音响、多功能、多用途及与信息高速公路互联互通等特点，取代模拟电视已是大势所趋。数字电视的未来发展蓝图主要集中在以下几方面：

(1) 多标准数字电视。目前，欧洲、北美、韩国和中国等大多数地区和国家仍处于模拟电视与数字电视的转换过渡时期，因此仍然希望市场上有不少既能接收模拟电视节目又能接收数字电视节目的多功能电视机，数字电视开发商和制造商可用多种解决方案来实现(比如机顶盒＋模拟电视机)。随着数字电视的进一步发展，未来的发展方向应是数字电视一体机。

(2) 大屏幕数字电视。随着现代人起居室的不断变大，用户市场对大屏幕数字电视的需求不断增长。目前，总体上来看 LCD 数字电视是业界的发展主流。当年 42 寸等离子曾是很多人的梦想，但现在一台 42 寸的电视已经算不上什么了。长虹 105Q1C(105 英寸)是国内厂家推出的最大屏幕的液晶电视之一，屏幕高度超过 1 m，宽度约 2.3 m，它采用 21/9 宽屏模式，具备 5K× 2k 超高清显示、极速响应等技术特点。夏普液晶电视 LB－1085 的显示尺寸为 108 英寸。

(3) 数字电视高清化。随着高清节目源的增多，图像水平清晰度大于 800 线的高清数字电视越来越成为数字电视的主流，相应的数字电视机顶盒和编解码芯片也要适应这一发展的要求。

(4) 互联网数字电视。数字电视的下一个重要发展方向就是连接互联网，未来的消费者不必再为了上网而跑到书房坐在计算机之前，人们将可以直接在客厅舒适的沙发上用无线鼠标或无线键盘体验电视上网的乐趣。

(5) 支持更丰富的互联接口。未来的数字电视将支持更多的互联接口，如 USB2.0、SD 卡、MMC 卡、1394 和 Wi-Fi 等，以实现与数码相机、移动硬盘、计算机、智能手机和数码打印机等数字设备的无缝连接，共享相互之间的音、视频信息。

习 题

8-1 水下电视分为哪几种?

8-2 画出X线电视系统方框图。

8-3 简述3D立体液晶电视的原理。

参 考 文 献

[1] 裴昌幸，刘乃安. 电视原理与现代电视系统[M]. 2版. 西安：西安电子科技大学出版社，2011.

[2] 余兆明，余智. 数字电视原理[M]. 西安：西安电子科技大学出版社，2009.

[3] 王卫东. 电视原理[M]. 重庆：重庆大学出版社，2003.

[4] 冯跃跃. 电视原理与数字电视[M]. 北京：北京理工大学出版社，2013.

[5] 赵坚勇. 电视原理与系统[M]. 2版. 西安：西安电子科技大学出版社，2011.

[6] 宋占伟. 电视原理[M]. 西安：西安电子科技大学出版社，2011.

[7] 何辅云，张海燕. 电视原理与数字视频技术[M]. 合肥：合肥工业大学出版社，2003.

[8] 段永良. 电视原理与应用[M]. 北京：人民邮电出版社，2011.

[9] 孙景琪. 视频技术与应用：电视原理、遥控系统、电视广播系统[M]. 北京：北京工业大学出版社，2003.

[10] 程汉婴，龚晓鸣. 数字电视技术的发展和最新进展[J]. 中国有线电视，2012，2.

[11] 付道明，徐福荫. 数字电视技术新发展与校园数字交互教育电视系统的构建[J]. 中国电化教育，2007，5.

[12] ISO/IEC 14496-1，Coding of Audio-Visual Objects-Part 1：Systems.

[13] ISO/IEC 14496-2，Coding of Audio-Visual Objects：Visual，Amendment 1，1999，12.

[14] ISO/IEC 14496-4，Coding of Audio-Visual Objects-Part 4：Conformance Testing.

[15] Digital Television Systems Brazilian Tests Final Reports. The Brazilian Society of Broadcast Engineering，2000，2.

[16] 李冰. PAL制电视信号的亮色分离算法研究[D]. 西安电子科技大学硕士学位论文，2013-01.

[17] 赵丽丽. 图像数据压缩编码及其应用技术[D]. 河北工业大学硕士学位论文，2000-04.

[18] 傅祖芸. 信息论：基础理论与应用[M]. 4版. 北京：电子工业出版社，2015.

[19] 王强. 分形编码在图像处理中的应用研究[D]. 大连海事大学博士学位论文，2011-10.

[20] 李海波. 模型基图像编码[J]. 通信学报，1993，14(2)：69-77.

[21] 樊昌信. 通信原理[M]. 6版. 北京：国防工业出版社，2006.
[22] 宋鹰武. 地面数字电视传输系统中RS编解码技术的研究[D]. 厦门大学硕士学位论文，2006-05.
[23] 赵坚勇. 应用电视技术[M]. 西安：西安电子科技大学出版社，2003.
[24] 宫贵家，黄金波，王德伟. 煤矿井下防爆视频监控系统的设计[J]. 工矿自动化，2010，36(8)：107-109.